この本を手に取ってくださり
ありがとうございます。
あなたの笑顔のきっかけに
なれれば嬉しいです☺

辻元 舞

Mai Life

Happiness lies
within you

ハッピーの秘訣は「頑張りすぎない」こと!

辻元 舞

About Me
私のコト

初めての本なので、私という人間について
少しお話しさせていただこうかなと思います。
"ビューティの撮影を中心にモデルのお仕事をしている"こと以外の
内面的な話も含めた自己紹介、させてください。
実はかなり面倒くさがりやで、モットーはシンプル is ベスト。
おおざっぱなヤツなんです(笑)。
そして、心地よく生きるということに
何より興味があったりします。

// I have a husband and two sons. //
夫と2人の息子がいます

男ばかりの4人家族のお母さん。それが私のポジションです。
「あなたは何者?」と聞かれたら、「母親!」ってきっと真っ先に答える。
そして実は、息子が3人いる感覚だったりもします。夫は、"生んだ覚えのない長男"
という感じ…(笑)。この話についてはまた。

// I like to please people. //
人を喜ばせることが好きみたい

USJでのダンサー経験、
それが今の私のベースになっています。
それまでは人前に出ることは
苦手だったのですが、
笑顔をもらえるお仕事は
びっくりするくらい楽しかった。
毎日お客さんが違うから、毎日本気。
突然音が止まってしまった時は
即興で対応したり…。
とにかくダンスのお仕事に夢中でした。
プロ根性や度胸も
身についたかなって思います。

――実はUSJのダンサーでした

MAI LIFE _ about me

one-piece_RHC Ron Herman
gold necklace, silver ring_PLUIE
gold ring_Bijou de M
wedding ring_BOUCHERON
sandals_PIPPICHIC

// I will not push yourself. //

心がけているのは
"頑張りすぎない"こと

何事も大事なのは続けることだと思っているので
無理や背伸びはしないようにしています。
楽しくないな…と感じることも極力やらない(笑)。
心地よく続けられること＝自分にフィットすること
だと信じています。
できない！という感情はストレスになるから避けて、
自分のできることに一生懸命取り組みたい。
それが私の"ゴキゲンに生きる処世術"。

// I am short, but I love fashion. //
SサイズにはSサイズなりの

今までは、背が低いことが
コンプレックスでしかなかった。
いつもハイヒールを履いて
背の低さを隠していました。
でも、最近は隠すことをやめました。
小柄を活かした着こなしの方が
実は自分には似合うということが
わかってきたし、その方が
褒められることも多いんです。
写真を撮って客観的に見ることで
自分なりの着こなしのコツを
研究しています。
コンプレックスをプラスに♡

MAI LIFE _ about me

// I am a type O woman. //

スーパーO型女です！

MAI LIFE_about me

t-shirt, skirt_sacai
pierced earring_BEAUTY&YOUTH
gold ring_Bijou de M
wedding ring_BOUCHERON
silver ring_PLUE
sandals_PIPPICHIC

おおらかというと聞こえがいいけれど、
本当のところはただのおおざっぱで楽天家。
"まあいっか、大丈夫でしょ"というタイプです。
まだ赤ちゃんだった長男が床を舐めそうなのを
気にしないでいたら、
「初めての子どもなのに雑すぎる！」
と母に驚かれたことも…(笑)。
そして極度の面倒くさがりやでもあるので、
すべてをなるべくシンプルに済ませたい。
"時短" "効率的"という言葉に目がないです(笑)。

MAI LIFE _ about me

// God is in the details. //

"神は細部に宿る"

常に意識したいと思っているのが、
マネージャーさんに教えてもらったこの言葉。
「細部をおろそかにしてはならない」という意味で
ドイツの建築家が好んで使っていたそうなのですが、
これってすべてに共通すると思うんです。
外側だけ磨いても絶対にボロが出る。
日々の基礎や土台になる"小さいけど大事なこと"にこそ
丁寧に接することを心がけたいなって。
人生を素敵にするための私のモットー、です。
もちろん、できない時もたくさんあるけれど。

// No matter what, just smile. //
とにかく笑えれば大丈夫♡

例えば、"行きたいお店が閉まっていた"
なんてことが起きたら、私は逆におもしろく
なっちゃう。「うわ〜、閉まってる。
やっちゃった〜」って笑っちゃう。
笑うことは一種のクセみたいな感じですが、
夫には「いつもヘラヘラしている」と
たまにイラつかれています(笑)。
全然笑うべきところじゃない時に笑って
変な汗をかくこともあるけれど、
それでも私は笑える人生の方がいい。
何があっても、笑えたらOK！

MAI LIFE _ about me

knit, one-piece_LE CIEL BLEU
pierced earring, silver ring_PLUIE
gold ring_Bijou de M
wedding ring_BOUCHERON

笑えばなんでも忘れるタイプです

MAI LIFE _ about me

// I feel better by drawing. //
描くことでストレス発散！

絵を描くのが大好きです。子育て中に多発する事件を
他のママたちと共有したくて、子育て絵日記をInstagramで公開しています。
描いている時は無心になれるし、何かを形にすることでスッキリする。
大変な出来事を笑いに変えることができたり、写真には収められなかった瞬間も
絵なら残せるところも好き。私の最高のデトックス法。

// Always be myself. //

気持ちよく生きるコツ、いつも探してる

たぶん私は"快楽主義"なんだと思います。無理なく、肩の力を入れず、快適に生きていくことにある意味執着してる。だから、日々の生活を心地よくしてくれる何かを探すことが楽しいし、もはや趣味。"時短グッズ"も積極的に取り入れたりします。イメージしているのは、自分の身の丈にあった"普通に心地よい生活"。大変なこともおもしろがって、愉快に毎日を重ねていくのが理想です。

MAI LIFE _ about me

Prologue

昔から、波風立てず毎日を穏やかに過ごせればそれでいい
と思ってきた私は、自分の意見を言うのが苦手で、
オリジナリティを求められることも苦手、おまけに欲がない。
芸能の仕事は大好きだけれど、突出した個性がないことも悩みでした。
特別スタイルがいいわけでもない。
これと言った特技もない。ないない尽くし(笑)。

そんな私が自分の本を出すきっかけとなったのがInstagram。
自分のペースで、自分の好きなことだけを発信していける場所は
私にはすごく合っていました。発信を続けるうちに、
自分の得意なものや欠点ともうまく向き合えるようになり、
気持ちを言葉にすることで
自分が何を大切にしているのかも明確になりました。

私にとっての一番はやっぱり"心地よく暮らすこと"。
そして、あれもこれもと器用にこなせるタイプではない私には、
今の自分の環境や持っているものを慈しみ、
工夫しながら暮らすことが向いているみたい。
足りないものを数えてモヤモヤするよりも、
あるものに感謝して、それを失わないように尽力する方が私らしい。

この本には、私なりの"快適に生きる知恵と工夫"を詰め込みました。
共感してもらえたり、誰かの道しるべになれたら嬉しいです。

幸せはいつだってこの手の中に♡

辻元 舞

MAI LIFE _ prologue

knit_LE CIEL BLEU

Mai Life

Happiness lies
within you

004 About Me 私のコト

018 Prologue

023 Beauty Talk
024 スキンケアの極意は保湿・時短・シンプル
028 "いつもの顔"のつくり方
030 "いつもメイク"のプロセス、教えます
034 自分がよく見えるメイクをいつだって研究してる
035 "いつもメイク"応用編
042 ネイルはベージュばっかりです
043 髪のエイジングケア、始めました
044 バランスよく見せたいから私はいつもまとめ髪
050 "時短"アイテムを愛してます

053 Fashion Method
054 背が低いコンプレックスも前向きに捉えます
058 買い揃えているのは"本当に似合うアイテム"だけ
060 定番コーディネートもバランス重視！
064 Jewelry 表情のあるデザインに惹かれます
065 Eyewear コーデを完成させる名脇役
066 カジュアルに目覚めたのは実は夫のおかげです
068 私たちのファッションアイテム共有例

073 Health First
074 腸内環境を整えたらすべてが好転した！
075 健康のために続けている3つのこと

079　Child Raising
082　子どもたちがいるからこそ頑張る力が湧いてくる
084　ちょこっとリンクコーデを楽しんでいます
086　"うちのやんちゃ"的着こなし図鑑

091　Life with Husband
092　"夫は私のネタ元"そう思ったらラクになった（笑）
096　夫の気持ちも聞いてみました

099　Pregnancy and Birth
102　妊娠中は思いっきりリラックスして楽しむべき
103　自然分娩と和痛分娩、2タイプのお産を経験
104　妊娠中もおしゃれを満喫♡
106　妊婦生活、これさえあれば！
108　出産祝い、私はこれを贈りたい♡

111　My Dear Family
112　"家族"というチームが強く優しく成長しますように

118　Epilogue

126　Shop List

Mai's picture diary
052　#まい絵日記 vol.1　Beauty
072　#まい絵日記 vol.2　Fashion
078　#まい絵日記 vol.3　Health
088　#まい絵日記 vol.4　Child Raising
098　#まい絵日記 vol.5　Husband
110　#まい絵日記 vol.6　Birth
116　#まい絵日記 vol.7　Family

ENJOY YOUR READING!

Beauty Talk

今、一番関心のあることはズバリ、美容。
ビューティモデルという職業柄、新しい知識やテクニックが
どんどん学べる恵まれた環境ですが、
あれもこれもと手を出さずに
自分に合うケアを見極めて地道に続けるのが私流。
時間がない子育て中でも、しっかり楽しめて負担にならない、
私なりの美容術をレクチャーします。

tank top_UNITED ARROWS

スキンケアの極意は
保湿・時短・シンプル

「くどい！」と言われてしまいそうですが、私の美容のモットーはシンプル。"最小の時間と労力で最大の成果を出す"ことです。そんな手抜き好き（笑）な私が、絶対に手を抜かないのが保湿。化粧水は浴びるようにたっぷりと。乾いたなと思ったら、ワセリンでこまめに保湿します。外側より内側からのアプローチに重きを置いているので、特別なコスメはあまり使わず、エステにもほとんど行かない。化粧水ももう何年も同じものを使い続けています。食べ物の変化などでも肌が荒れることがあるので、"自分に合うスキンケアアイテム"は心のよりどころ。他のものを試しても結局元に戻る。"いつも通りのケア"がゆらぎのない安定した肌の要だと思っています。その他、続けているのがスチーマーを使ってのクレンジング。毛穴の奥の汚れまでしっかり落ちるから、洗顔後の化粧水の入りが抜群にいいし、透明感もUPします。これは本当に効果的！　シンプルではありますが、自信を持ってオススメできる美容テクです。

Special care is only these four
ズボラな私が続けている４つのこと

1

「頭をいつでもゴリゴリ」

顔の皮膚はできるだけ引っ張りたくないので、頭皮マッサージでむくみを解消。かっさで前から後ろへジグザグにほぐすと、血行がよくなって顔がスッキリします。ネットで購入したかっさは、使いやすい形が◎。

かたつむりかっさ／本人私物

2

「保湿はデコルテまでたっぷりと」

保湿剤は顔からデコルテ、さらには脇の下まで塗り込みます。香料が得意ではないので、肌に優しく安心して使えるキュレルをリピートしています。手軽に潤うシートパックは、特に乾燥が気になる時に投入。

（左から）キュレル 潤浸保湿フェイスクリーム、キュレル 化粧水Ⅲ／花王
メディヒール N.M.FアクアアンプルマスクJEX／BYON JAPAN

3   4

「お風呂で速攻10秒パック」

入浴時にほぼ毎日使っているのが、エレクトーレのマスク。塗って流すだけの10秒ケアで顔色が明るく＆肌ツヤもUPするので、時間がない主婦には嬉しい限り。ザラつきがとれて化粧水の入りもよくなります。

「乾きを感じたら、すぐワセリン」

ワセリンは、私にとって鉄板の保湿アイテム。ひじ、ひざ、唇など、乾燥しやすいパーツのケアはすべてこれにおまかせ。カサついたらすぐに塗布できるように、我が家ではあちこちにワセリンが置いてあります(笑)。

エレクトーレ
フェイストリートメント モア モイスト
／エルビュー

大洋製薬
第3類医薬品 日本薬局方 白色ワセリン

MAI's MAKE-UP RECIPE

"いつもの顔"のつくり方

ナチュラルだけど、きちんと感や好感もあって、それでいて簡単。トライ＆エラーの繰り返しで、辿り着いたのが今の顔です。とにかく"地頭を活かすこと"を大事にしているのですが、このメイクにしてから褒められることが圧倒的に増えました。ちなみにスキンケア同様、メイクアップコスメも気に入ったらずーっと使い続けるタイプです。廃盤は困る！（笑）

t-shirt_sacai

The usual members
私の"いつもの"コスメたち

1: ELECTORE
2: Clé de Peau Beauté
3: ADDICTION
4: RMK
5: CEZANNE
6: ETVOS
7: TOM FORD BEAUTY
8: THREE
9: BURT'S BEES
10: dejavu

MAI LIFE _ beauty talk

1:
下地いらずの手軽さと薄づき感が好き。エレクトーレ ミネラル オーレ ファンデーション モア オーラ SPF30・PA+++／エルビュー

2:
カバー力が高くヨレにくい筆タイプ。クレ・ド・ポー ボーテ コレクチュールエクラレジュー LO ／資生堂インターナショナル

3:
軽い質感と自然な血色カラーで肌なじみが◎。パウダーチークのベースにも。アディクション チークポリッシュ センシュアリー

4:
ツヤを手軽にちょい足しできるスティック。淡くピンクがかった色味がみずみずしさを演出。RMK グロースティック／RMK Division

5:
"塗ってます感"のない適度な色づきが使いやすく、何年もリピート中。セザンヌ 眉マスカラ ナチュラルブラウン／セザンヌ化粧品

6:
ベタつくのが好きじゃないので、UV ケアにはパウダーを愛用しています。エトヴォス ミネラル UV パウダー SPF50・PA++++

7:
上質でなめらかな粉質にうっとり。発色も最高。カラバリで揃えています。トム フォード ビューティ アイ カラー クォード 3A

8:
ダマになりにくく、トリートメント効果もあって優秀。お湯オフ可。THREE アトモスフェリックディフィニションマスカラ 05

9:
しっとり潤ってナチュラルに発色。日常メイクに最適です。バーツビーズ ティンテッド リップバーム ピンクブロッサム／本人私物

10:
軽い発色＆お湯で落とせる手軽さが私好み。デジャヴュ ラスティンファイン a 筆ペンリキッド グロッシーブラウン／イミュ

Basic make-up process | "いつもメイク"のプロセス、教えます

1

まずはファンデーション

2

第1コンシーラー

3

リキッドチークで血色UP

4

ハイライトはさりげなく

5

ふわっとフェイスパウダー

6

第2コンシーラー(念入りに)

7

使うのは眉マスカラのみ

8

アイシャドウをなじませる

9
次はチップでライン状に

11
マスカラはブラウン

10
インサイドラインは上だけ

12
色つきリップを塗って…

finish!

1

顔全体にファンデーションを叩き込んでいく

できるだけ手早くメイクを仕上げたいので、下地と兼用のファンデを愛用。スキンケア後にファンデを手にとり、指4本でトントン叩きながら顔全体にのせていきます。パッティングすることで毛穴もしっかり隠して。

2

コンシーラーでくすみや影をカバー

コンシーラーは悩み別に塗るタイミングを分けるのがキレイに仕上げるコツ。まずは小鼻のくすみやクマ、そして最近気になり始めた頬骨の下のくぼみに塗って明るく飛ばし、ふっくらとした影のない顔に整えます。

3

頬の高い位置にリキッドチークをオン

チークはリキッド派。断然持ちがよく、夕方まで血色感をキープできるんです。クマ隠しとリフトアップ効果を狙って、入れる位置は高めに設定。少量を鼻の横にチョンチョンとのせ、指先で叩きながら横長に広げて。

4

鼻根＆頬骨の上にハイライトをちょいのせ

スティックのハイライトでツヤを足して、イキイキした表情に。私と同様に頬骨が高い骨格の方は、たっぷりハイライトを入れると老けて見えがち。鼻根と黒目より外側の頬骨の上にちょこっとのせるくらいがいいみたい。

5

フェイスパウダーをのせてヨレを防止

まぶた、鼻、口まわりなどのヨレやすい場所にパウダーを薄く打ち、ベースメイクをフィックス。UVをカットするパウダーを選べば、日焼け止めいらずで時短になります。汗や皮脂でメイクが崩れやすい夏は顔全体にオン。

6

赤みが目立つ部分をコンシーラーでオフ

ベースの仕上げとして、赤みが気になる部分を2と同じコンシーラーで徹底的にカバーします。細かくピンポイントでのせるため、真剣勝負(笑)。頬の赤みは、チークの発色を消さないように軽くなじませる程度で。

7

眉マスカラで毛流れとトーンを整える

眉を描けば描くほど老けて見えるタイプなので、使うのは眉マスカラだけ。色味を和らげつつ毛流れを整えます。眉頭を上向きに立たせたら、中間は毛流れに沿って、眉尻は毛を寝かせるように下向きにとかして。

8

上下のアイシャドウを指先でのせていく

ベースとなるシャドウは、指先でパパッと塗ります。まずaをとり、アイホールと下まぶた全体に広げてくすみのない明るい目元を演出。さらにbを下まぶたの目尻部分のみに重ね、柔らかな奥行きをプラスして。

9

細チップで目尻のアウトラインを作成

リキッドライナーで目全体にアイラインを引くと目元がキツく見えるので、アウトラインはシャドウで描くようにしています。cをチップにとり、黒目の外側から目尻まで上まぶたのキワをなぞるようにしてラインを引いて。

10

リキッドライナーで上まつ毛のすき間を埋める

目元をハッキリさせるため、上のインラインのみブラウンのリキッドで引き締めを。下まぶたにはラインを引かず、軽やかに仕上げます。アイラインやマスカラに黒を使わない点も、ヌケ感のある顔に仕上げるポイント。

11

上まつ毛にブラウンマスカラをサラッと

インライン同様、マスカラもソフトな目元に仕上がるブラウンを選択。普段は上まつ毛のみで、扇状に広げるように塗ります。ちなみに、まつ毛パーマをかけているのでビューラーは不要。時短派にオススメです。

12

色つきリップをパパッと塗って完成

保湿&血色足しが同時にできる、色つきリップをラフにオン。子どもと外出する時は口紅をキレイに塗り直す時間なんて皆無。なので、落ちても気にならずテキトーに塗るだけでサマになる色つきリップが大活躍!

自分がよく見えるメイクを
いつだって研究してる

若い頃は薄い顔立ちをくっきり美人に見せたくて、盛ることに命をかけていました。目元も真っ黒。でも、全然似合っていなかった(笑)。で、モデルとして働き始めた時、オーディションに落とされ続けながら考えたんです。私にはもっと自分を研究することが必要。じゃあ、みんながいいと思ってくれるメイクはどんなものなんだろう。お仕事でしていただいたメイクのいいところを盗んだり、鏡を見て研究したり…。地顔を活かした柔らかいメイクの方が自分のよさが出せると気づきました。"黒を使わない""眉を描きすぎない""下まぶたにはラインもマスカラも使わない"などのマイルールを少しずつ増やしながら、会う人に安心感と幸福感をおすそ分けできるメイクを心がけています。年齢に応じて進化させていく柔軟さも大切で、特にチークは、入れる位置で表情が一変するので研究のしがいがあります。その時々のベストな顔、ベストな自分に出会う努力はずーっと続けていきたい。何より、楽しいので！

Arrange the basic
"いつもメイク"応用編

ここでは、子どもとの公園タイムや
少しおめかしするディナーなど、
シーン別のアレンジメイクをご紹介します。
基本的な肌づくりはいつも同じで、
行く場所や一緒にいる相手に合わせて
ポイントメイクだけを変えるのが私流。
色選びだけでなく塗り方も工夫すると、
顔の印象がガラッと変化します。
流行りは特に意識せず、自分の顔に合う
メイクに仕上げることがポイント。

LUNCH with GIRLS

PARK with KIDS

DINNER with HUSBAND

MAI LIFE _ beauty talk

SCENE：1
with KIDS
「息子と公園へ」

好感度高めの"浮かない"ヘルシー顔

動きやすさ重視のカジュアルな着こなしに、きっちりメイクは不釣り合い。公園というパブリックな場所にも濃いメイクは似合いません。目標は楽しげでフレンドリーな顔。たっぷり日差しを浴びたような表情になる日焼けチーク&オレンジリップで、ハツラツとした雰囲気に仕上げます。

日焼けチークで元気いっぱいに

チークは肌なじみがいいコーラルピンクをチョイス。基本メイクと同様に頬の高い位置にのせたら、鼻筋の上にもブラシを動かして横一直線になるように塗ります。日焼け後の火照ったような頬に仕上がって、アウトドアが似合うほんのりヘルシーなニュアンスが実現。

ゴキゲン全開なオレンジリップ

唇までピンクだと甘すぎるので、カジュアル感のあるオレンジを使います。適度な透け感とツヤがある色つきリップなら、より軽快なイメージに。普段メイク道具はほとんど持ち歩かないけれど、唇がカサついた時にサッと塗り直せるように、この1本だけはマストハブ。

ふわっとウォーミーで優しげな表情へと導くチーク。黄みを帯びたピンク。

トム フォード ビューティ
トム フォード チークカラー 01

みずみずしい色出し&潤い効果でイキイキとした唇が手軽に手に入る1本。

バーツビーズ ティンテッド
リップバーム ジニア／本人私物

hoodie_Acne Studios

MAI LIFE _ beauty talk

SCENE : 2
with GIRLS
「友だちとランチ」

"今っぽさ"を一番意識したのがこれ

気の置けない女同士の集まりは、おしゃれを思いっきり楽しめるシーン。メイク感をしっかり出してもOKなので、ブラウンみを帯びたこっくりカラーで全体を揃えてイマドキ顔を狙います。ボルドーのマスカラなど、日常メイクではあまり使わない主張強めなアイテムで遊べる点も嬉しくて。

目元にはボルドーを効かせて

濃色シャドウとカラーマスカラを組み合わせて、普段とは一味違う強めな印象の目元に。まずはアイホールと下まぶた全体にaを塗り、bを下まつ毛のキワに細く重ねます。さらに下まぶたの黒目の外から目尻にかけてcをのせたら、上まつ毛にのみボルドーのマスカラを。

ヌーディな唇でモード感を強化

女っぽさを出さず、ほんのり辛口に仕上げるのがここでの気分。ベージュリップをセレクトして、凛とした雰囲気を演出します。とはいえ、マットな質感だとカッチリとしすぎるのでランチ会には不向き。自然なツヤ感が出る色つきリップなら、ヌケ感も出せて完璧です。

赤みのあるブラウンやボルドーなど洗練された今っぽさが漂うカラー。

左：トム フォード ビューティ アイ カラー クォード 4A
右：THREE アトモスフェリックディフィニションマスカラ 01

なめらかで深みのある発色を叶えつつふっくらしたリップに整える優れもの。

フレッシュ シュガー ハニー ティンテッド リップ トリートメント／本人私物

see-through tops, border tank top_HYKE pierced earring, silver ring_PLUIE

MAI LIFE _ beauty talk

SCENE：3
with HUSBAND
「夫とディナーデート」

"特別感"を喜んでくれる人のために

結婚記念日などの子ども抜きのディナーでは、ラメや赤リップを使う華やぎメイクを。そうやってわかりやすく気合いを入れると、夫が喜んでくれるんです(笑)。ゴージャスすぎるのは私らしくないので、チークを薄くしたりしてバランスを調整しながらカジュアルの延長線上で仕上げています。

キラキラをまとって非日常感を演出

普段はナチュラルメイクばかりなので、ここぞとばかりにキラキラ感を満喫(笑)。間接照明で輝くことを計算し、黒目の上にベージュのラメシャドウをオン。さらに、目の下に微細なラメ入りのハイライトを小さめの逆三角形型にのせて、健康的なツヤめきを肌に与えます。

女っぷりが上がるディープな赤

塗るだけで一気にドラマティックなムードを醸し出してくれるのが、ディープレッドのリキッドルージュ。私の場合は唇の山をきっちり描くと老けて見えるので、なだらかな曲線を描くように塗ります。このリップは持ちが素晴らしくいいうえに、落ち方もキレイで超優秀！

ギラつくことなく繊細な輝きを放つラメ入りシャドウ＆ハイライトの名品。

左：アディクション ザ アイシャドウ マリアージュ
右：クレ・ド・ポー ボーテ レオスールデクラ 17
／資生堂インターナショナル

食べても飲んでも色＆ツヤをキープ。塗り直し不要の頼もしさがお気に入り。

シュウ ウエムラ ラック シュプリア
WN05

knit one-piece_CASA FLINE pierced earring_BEAUTY&YOUTH

MAI LIFE _ beauty talk

NAIL

ネイルはベージュばっかりです

毎日バタバタしているし、撮影もあるので、普段はすっぴん爪でいることがほとんど。だから、ネイルがキレイに塗られている指先は「時間的にも精神的にも余裕がある」という証(笑)。仕事がポッと空いた日の前夜、子どもが寝てからリビングでじっくりネイルを塗る時間は至福です。色はベージュ一択。微妙な色や質感の違いを、その時の気分で塗り分けます。手の色がキレイに見える"くすみピンク寄りのベージュ"が一番の定番です。

1：驚くほどすぐ乾く！
リーズナブルなのに色出しもおしゃれなキャンメイク、愛用しています。バラエティショップなどで見かけるたびについつい買い溜め。
キャンメイク カラフルネイルズ N16
／井田ラボラトリーズ

2：これが今の私の最愛
ベビーピンクに少量のパープルとグレーを足したような絶妙な色味で、最近のヘビロテ。5本の中では一番女っぽいイメージです。
アディクション
ザ ネイルポリッシュ シェルガーデン

3：落ち着きのある指先に
可愛らしさと落ち着きが両得できて、TPOを選びません。アンティークベージュという名前も好き。ツヤやかに仕上がるうえに速乾。
RMK ネイルポリッシュ 04(CL)
／RMK Division

4：肌色に近いヌードベージュ
赤みの少ないクールなベージュは、塗っているのにすっぴんのように見える指先がおしゃれ。どんな服にも合うし、きちんと感も出せる色。
ネイルホリック BE318
／コーセーコスメニエンス

5：重ね塗りで色味を調整
くすみ系の色なのに透ける、不思議な色合いがお気に入り。一度塗りでツヤだけプラスする使い方も好きだし、塗り重ねれば色も出せます。
ウカ カラーベースコート ゼロ ゼロブンノサン
／uka Tokyo head office

HAIR CARE

髪のエイジングケア、始めました

長男を妊娠出産した時に、もっともダメージを受けたのが髪の毛。抜け毛と薄毛には悩まされました…。なので今回、2人目の妊娠が発覚した瞬間からシャンプーを育毛系にチェンジ。若々しさのカギって、実は肌よりも髪の比重の方が高い(私調べ)。健やかな髪が少しでも長く続くよう祈りつつ、スカルプケアに力を入れています。あとは洗髪後にオイルで髪を守ることも必須。髪に負担がなく、香りの優しいオイルを厳選しています。

1:ラインで使っています

次男の妊娠後に、真っ先に取り入れたのがこれ。頭皮を保湿し、地肌環境を整えてくれます。マッサージしながら使うとより効果的。

オージュア グロウシヴ シャンプー、同 スカルプマスク、同 グロウエッセンス／すべてミルボン(ヘアサロン専売品)

2:頭皮がスッキリする感じ

シャンプーっぽくない控えめな香りが好きで、気分転換に使うのがTHREE。さっぱりとした洗い上がりで夏に恋しくなります。

THREE スキャルプ&ヘア オーダレンジ シャンプー、同 コンディショナー

3:ナチュラルケアオイル

手についたオイルでハンドケアもできる、とっても便利なマルチ美容オイル。しっとり感が強いので、つけすぎないように注意。

モイ オイル レディアブソリュート／ルベル・タカラベルモント(ヘアサロン専売品)

4:リラックスしたい時はこれ

ビーチを思わせる甘く清涼感のある香りに癒されています。油分と水分がバランスよく補給できる感覚で、サラッとなめらかな手触りに。

ウカ ヘアオイルミスト オンザビーチ／uka Tokyo head office

5:パッケージデザインも好き

私が高機能ヘアオイルに目覚めた最初の1本がこれ。軽い使い心地に驚きました。洗面所をスタイリッシュに見せる佇まいも高ポイント！

ダヴィネス オイ オイル L／コンフォートジャパン

MAI LIFE _ beauty talk

knit_MAISON KITSUNÉ

FOR A GOOD BALANCE

バランスよく見せたいから
私はいつもまとめ髪

ロングヘアの時は、アップにすることがほとんどでした。身長が低いので、頭をコンパクトにした方がバランスよく見えるんです。学生の頃から髪をいじるのが好きで、お団子などのシンプルなアレンジは大得意。服を着てメイクも終えた状態で、まとめる位置が高めor低め、ふんわりorタイトなどのバリエの中から一番合いそうなものをチョイスします。こなれた印象に仕上げるために欠かせないのが、おくれ毛の存在。私は自然とおくれ毛が出るように、顔まわりやえり足の毛束をわざと短めにカットしてもらっています。

knit_MAISON KITSUNÉ
hair accessory_PLUIE

MAI LIFE _ beauty talk

ヘアアクセは「プリュイ」一択！

手持ちのヘアアクセはプリュイばかり。自然をモチーフにした気張らないデザインで、適当につけてもイイ感じに収まってくれるんです。ヘアアクセを使う時は、顔まわりをシンプルにするのがマイルール。髪をきっちり巻くと老けて見えるので、ゆる巻きで無造作に仕上げます。

all of hair accessories_PLUIE

hair arrange
Daily

「ハツラツな印象になるお団子ヘア」

5分でできる定番のお団子ヘアは、まとめる位置で印象が激変。頭のてっぺんに作ると若々しく見えます。おくれ毛を巻いて動きを出すのが、"脱お疲れ顔"のコツ。

knit_AURALEE
ear cuff_PLUIE

MAI LIFE _ beauty talk

how to

1を根元中心にもみ込んでボリューム感を出したら、頭頂部でラフにまとめて毛束を最後まで引き抜かない輪っか結びに。結び目に毛先を巻きつけてスクリューピンで固定し、もみあげやえり足のおくれ毛を引き出します。仕上げにお団子から飛び出した毛先とおくれ毛をコテでゆるく巻き、2で毛先をしっとりとまとめて。最初に全体を巻く人もいるけど、私は見えるところだけ。大幅に時間が節約できるので、時短派の方にオススメです。

1 細く柔らかい私の髪がぺたんとならずにボリューム感を出せるパウダーワックス。適度にキープ力もあって、まとめやすいです。2 手や肌にも使えるナチュラルケアのマルチバームは、ヘアアレンジ後に手を洗う手間も省略できて◎。

1 ダヴィネス モアインサイド ニノ／コンフォートジャパン　2 モイ バーム ウォークインフォレスト／ルベル・タカラベルモント（ヘアサロン専売品）

hair arrange
Special

「編みを加えたシニヨンで女っぽく」

うんとフェミニンにしたい日は、サイドの毛束をねじり編みして凝った印象のシニヨンに。普段はうっとおしくて上げている前髪も下ろし、顔まわりにニュアンスを出して。

knit_MUJI
pierced earring_PLUIE

MAI LIFE _ beauty talk

how to

1の塗布後に乾かしてセンターで分け、耳横の毛束を残して低めのシニヨンを作ります(左ページのお団子と同様に)。残しておいたサイドの毛束を2つに分けてねじり、ロープ編みにしてシニヨンに固定。さらにバランスを見ながら太めにとった毛束が徐々に細くなるようにつまみ出し、くしゅっとした動きを全体につけます。顔まわりをコテでミックス巻きにして毛先に2をなじませたら、根元中心に3を振ってふんわりフォルムをキープ。

1スプレーして乾かすと、根元が立ち上がりボリューミーに。2おくれ毛がパサつくと疲れて見えるので、しっとりまとまるマルチバームを愛用。3セット力が高く、つぶれやすい私の髪でもふんわり感が1日中キープ。

1ダヴィネス ユアヘアアシスタント ヘアミスト／コンフォートジャパン 2モイバーム ウォークインフォレスト／ルベル・タカラベルモント（ヘアサロン専売品） 3 VO5 スーパーキープヘアスプレイ エクストラハード 無香料／サンスター

047

Mai's hair arrange catalog | ヘアアレンジが大好きです！

1:trench coat_Sea New York knit_JOURNAL STANDARD pierced earring_BEAUTY&YOUTH amethyst pierced earring_Preek 2:knit_CASA FLINE pierced earring_PLUIE 3:tops_UNIQLO hair accessories_PLUIE 4:hoodie_FORME hair accessory, ear cuff_PLUIE 5:knit_MUJI pierced earring_BEAUTY&YOUTH 6:tops_Ron Herman hair accessory_PLUIE 7:tops_UNIQLO hair accessory, pierced earring_PLUIE 8:tops_sacai hair accessory, necklace, ear cuffs_PLUIE

9:knit_Acne Studios 10:knit_sacai pierced earring_BEAUTY&YOUTH 11:see-through tops, border tank top_HYKE ear cuffs_PLUIE 12:knit_MUJI pierced earring_PLUIE 13:coat_sulvam bangle_sterling tahe gold ring_Bijou de M wedding ring_BOUCHERON 14:tops_UNITED ARROWS bag_BALENCIAGA 15:sweatshirt_MM6 Maison Margiela gold ring_Bijou de M wedding ring_BOUCHERON 16:nylon jacket_sacai pierced earring_PLUIE

I want to save time!
"時短"アイテムを愛してます

長男はとにかくやんちゃで、少しもじっとしていられず、私の都合なんておかまいなしで暴れ出すタイプ。でも、私はメイクもヘアアレンジも諦めたくない。解決法は"時間をかけずにイイ感じ"にすること。ちょっとでも時間短縮になるグッズを求めて、日夜ネットサーフィンに励んでいます(笑)。最近の推しは左下の3種。どれもまとめ髪の際のお助けアイテムなのですが、アレンジ自体もラクになるし、しっかり留まって崩れにくいから、お直しの時間もいらなくて一石二鳥!

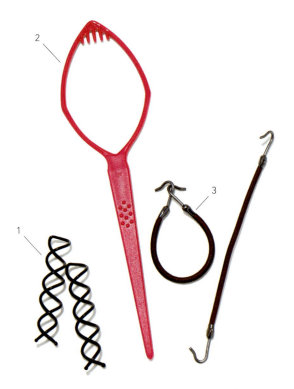

1: 手早く髪をまとめたい時に大活躍するのがスクリューピン。ねじり込むだけでしっかり留まり、走っても崩れません。
アレンジツイスターピン ショート(3P)／ラッキーウィンク

2: 毛束を輪に通して回転すると一瞬で"くるりんぱ"ができる便利アイテム。簡単なのに凝った印象になるので重宝します。
ポニーアレンジスティック／ラッキーウィンク

3: 根元にくるくる巻きつけてフックで固定するヘアゴムは、手間が省けてスピーディなうえ、ゆるみなく仕上がる点も◎。
バンジーフック ブラウン／トリコ インダストリーズ

美容アイテムではないけれど…こちらも愛用中！

強度の高い厚手のカーショップタオルはアメリカ製。ゴシゴシ拭いても破れないし、吸水力も抜群でやめられません。
スコット ショップタオル ブルーロール／コストコホールセールジャパン

コストコのラップは、スライドカッターで切れる機能が画期的！ 食器への密着性が高くてストレスはかなり少なめ。
カークランドシグネチャー ストレッチタイト フードラップ 750フィート／コストコホールセールジャパン

吊り下げるタイプのソープホルダーは、汚れないのがいい。石鹸でドロドロになったホルダーを洗う手間が省けます。
ダルトン マグネティック ソープホルダー

MAI LIFE _ beauty talk

sweatshirt_MM6 Maison Margiela gold ring_Bijou de M wedding ring_BOUCHERON

#まい絵日記 vol.1
Beauty
@mai_enikki

せっかくキレイにヘアメイクをしても、
暴れる長男を追いかけ回すうちに、数分でボロボロになることも。
うん、でも、フルメイクにヘアアレンジまでやったことで心は満たされた！
「これは無造作ヘアなの」と自分に言い聞かせる…。

Fashion Method

MAI LIFE _ fashion method

そもそもセンスのある方ではないし、低身長。
その分、マイナス要素は努力でカバーしよう！と決めて
自分に似合う着こなしやバランスを探し続けています。
おかげで最近は、Instagramなどでファッションに関する
質問を受けることが増えてきました。
恐縮だけど、感激。結果がやっとついてきたのかなって。
辿り着いた着こなしテク、参考になると幸いです。

背が低いコンプレックスも
前向きに捉えます

背が低いこと、そしてダンスで鍛え(られてしまっ)たくましい脚が、私の重大なコンプレックスです。割と最近まで歩きにくいハイヒールを履いていたし、太い脚を細く見せるためにゴツいデザインの靴ばかり選んでいました。自分は服が似合わないと決めつけて、本当の身長をさらすなんて絶対に無理と思っていて…。自分を直視することから完全に逃げていました。"今の自分のままで素敵に見せたい"という考え方にシフトしたのは、子どもを生んだことがきっかけです。ハイヒール生活は強制的に終了し、ずっと避けていたスニーカーを履かざるを得ない状況になってしまいましたが、「コンパクトな辻元舞」の方がバランスがよく、しっくりくるという事実を大発見！　私の雰囲気に合うのは実はそっちだったんだ…。自分に似合うバランスがあると知って以来、おしゃれが一気に楽しくなりました。コンプレックスも個性として受け入れ、それをよりよく見せる努力はポジティブだし、やりがいもあるんです。

I am only 157cm tall.

MAI LIFE _ fashion method

knit_DEMYLEE
denim pants_MAISON EUREKA
ear cuff, gold necklace_PLUIE
wedding ring_BOUCHERON
sneakers_CONVERSE

My style up method
おチビでもバランスよく見せる4つの掟

1

2

「トップスと靴の色を合わせない」

トップスと靴を同色にすると、ボトムを区切る効果が生まれて「ここからここまでが脚!」と強調されてしまう気が。色を揃えずに視線を上下に分散させて、身長の低さを目立たせないのがここでの狙い。着こなしの面でも収まりがよすぎるとあまりおもしろみがないので、足元に色を差してひねりを加えたりしています。

t-shirt_HYKE denim pants_AULA ear cuff, silver ring, silver thick ring, bangle(upper), bangle(lower)_PLUIE gold ring_Bijou de M wedding ring_BOUCHERON sneakers_CONVERSE

「自分サイズを決めつけない」

私の基本サイズはSですが、オーバーサイズの服もよく着ます。思い切ったルーズシルエットの方がしっくりくることもあるし、メンズを着ることで華奢さが際立ち、かえって女性らしく見える場合も。サイズや男女の固定概念を捨てたことで小柄ならではの着こなしが楽しめるようになり、おしゃれの幅も広がりました。

hoodie_MM6 Maison Margiela
t-shirt_is-ness denim pants_MY ear cuff_PLUIE
sneakers_CONVERSE

3

「"ボトムイン"でシルエットを調整」

目線を引き上げて全身をスラッと見せるのに役立つのが、トップスの裾をインするテクニック。上半身がコンパクトになることでハイウエスト感が強調されて脚長効果も期待できます。ただし、キッチリしすぎるとこなれ感が出ないのでNG。適度なたるみを持たせつつフロントだけインして、ラフなムードに仕上げます。

border tops_Traditional Weatherwear
pleated skirt_UNITED ARROWS hair accessory_PLUIE
gold ring_Bijou de M wedding ring_BOUCHERON
bracelet_PHILIPPE AUDIBERT sandals_PIPPICHIC

4

「パンツの裾は必ずお直し」

パンツはジャスト丈ではくのが鉄則。購入時に必ず試着し、その場でお直しをオーダーします。着こなしによってジャストな丈は多少変化するけれど、登場回数の多い靴に合わせるのがオススメ。私の場合はコンバースですが、3.5cmのインソールを入れて履くことが多いのでその状態で丈を決めています。

knit_Acne Studios pants_MY
gold ring_Bijou de M wedding ring_BOUCHERON
sneakers_CONVERSE

MY BASIC ITEMS

買い揃えているのは "本当に似合うアイテム"だけ

自分バランスを探求する中で、体に合う服、短所を隠してくれる服、うまく着こなせない服、というものが見えてきました。色やデザインが好きでも、自分に似合わないものは潔く諦めるようになりました(笑)。そうやって、確実にバランスよく着られる服を厳選しているうちに、"MY定番"も確立してきたという感じです。

1 | Short length tops
ショート丈トップス
t-shirt_Acne Studios

2 | LOOSE DENIM PANTS
ルーズシルエットのデニム
denim pants_AULA

3 | LONG SKIRT
ロングスカート
skirt_sacai

4 | SIMPLE CAP
シンプルなキャップ
cap_Steven Alan

1：
着ると目線が上がる短丈トップスは、背の低い私の救世主。着こなしによっては裾を少しだけボトムインしてバランスをとることも。

2：
スキニーよりもルーズデニムをはいている時の方が華奢に見えるんです。あとはとにかくラク！ 着心地のよさも重要なポイントです。

3：
実はロングスカートは背の小さい人にこそ似合うアイテム。下重心のシルエットは、大人の余裕や落ち着きを演出することができます。

4：
着こなしにラフさを足したい時や、バランスを調整したい時に重宝するのがシンプルで形のいいキャップ。あと、ノーメイクの時にも(笑)。

5 | COLOR PULLOVER
キレイ色のプルオーバー
knit_Acne Studios

6 | BIG SIZE TEE
ビッグサイズのTシャツ
t-shirt_BALENCIAGA

7 | WIDE CHINO PANTS
ワイドめチノパン
pants_MAISON EUREKA

8 | LOW-TECH SNEAKERS
ローテクスニーカー
sneakers_CONVERSE

MAI LIFE _ fashion method

5 :
差し色になるプルオーバーをチノパンに合わせるのが私の定番スタイル。Acneのこれは形もお気に入りで着やすいので色違いで購入。

6 :
主に活用しているのは夫のメンズTシャツ。思い切ったビッグサイズを女性がゆるっと着ているバランスがすごく好きなんですよね。

7 :
気になるふくらはぎは隠しちゃう（笑）。ダボダボのパンツを女性らしくはきこなせるようになってから、おしゃれの幅が広がりました。

8 :
苦手だったローテクスニーカーも克服。今では大好きなアイテムです。今や"スニーカーに合うかどうか"が私の服選びの基準です。

1 Variations of coordination
> 定番コーディネートもバランス重視！

「シャツワンピースを羽織って縦長に」

羽織りものとしても活躍するロング丈のシャツワンピは、フロントを開けて着るのが私の定番。縦のラインを強調することで、全身がスラッとして見えるんです。中に合わせるボトムにハイウエストのものを選べば、スタイルアップ効果はさらに高まります。

shirt one-piece_BEAUTY&YOUTH t-shirt_UNITED ARROWS denim pants_MY hair accessory, ear cuff, gold necklace(upper), gold necklace(lower), silver ring_PLUIE gold ring_Bijou de M wedding ring_BOUCHERON bag_CELINE sneakers_CONVERSE

「フーディはスキニー合わせで女らしく」

カジュアル感が強いビッグシルエットのフーディは、スキニーパンツで逆三角形シルエットを演出すると華奢見え効果絶大。甲が見えるヒールを合わせて、よりフェミニンでヌケ感のある印象に仕上げます。ボリューミーなフード&ポニーテールで目線も上げて。

hoodie_VETEMENTS denim pants_AMERICAN RAG CIE ear cuff, silver ring_PLUIE bag_BALENCIAGA pumps_DEIMILLE

3

「揺れるワンピで動くたびに体型カバー」

MAI LIFE _ fashion method

ロングワンピにプリーツスカートを重ねたコーデは、軽やかな素材感がポイント。脚が太いのがコンプレックスなのですが、ふわふわと揺れる裾が下半身のボリュームを完璧に目くらましてくれます。ここでは、キャップ使いで視線を上下に分散するテクニックも採用。

one-piece_Ujoh pleated skirt_UNITED ARROWS tank top_PETIT BATEAU cap_CLYDE pierced earring, gold necklace,
silver ring, silver thick ring_PLUIE wedding ring_BOUCHERON bag_beautiful people sneakers_VANS

「赤ニットはボトムインでスッキリ着る」

4

MAI LIFE _ fashion method

普段の着こなしによく登場するのが、上半身に視線を集めつつ顔まわりを華やかに見せてくれる赤トップス。ただし、主張が強い色だけにボリュームが強調されやすい面も。フロントを一部ボトムインして見え方を調整するだけで、全身のバランスがグンとよくなります。

knit_NINE pants_MY glasses_THOM BROWNE pierced earring_BEAUTY&YOUTH
silver ring_PLUIE bag_BALENCIAGA sneakers_CONVERSE

MAI LIFE _ fashion method

Jewelry

表情のあるデザインに惹かれます

子どもが生まれてからアクセサリーはあまり使えなくなったけれど、その中でも登場回数が多いのはピアス。最近は、私の耳たぶを触ることが大好きな息子から「とって♡」と言われてしまいがちですが…(笑)。フォルムがいびつで表情のあるデザインに目がなく、持っているアクセはシルバーとゴールドがほぼ半々。ジャラジャラとつけるよりも、首元が開いていたりして物足りないなと感じた時にちょっと足すくらいが私らしい気がします。

pierced earring_PLUIE　knit_LE CIEL BLEU

hoop pierced earring_BEAUTY&YOUTH
ear cuff_PLUIE
amethyst pierced earring_Preek

bracelet_PHILIPPE AUDIBERT
bangle_sterling tahe

silver thick ring,
silver ring_PLUIE

gold necklace_PLUIE

Eyewear

コーデを完成させる名脇役

私にとって、サングラスやメガネはピアスのような存在。かけるだけで顔の印象が締まるし、目線を上げてスタイルアップに導く効果もあるんです。アイウェアは夫と共有なので、2人ともが似合うデザインを厳選。いろいろ試した結果、適度に丸みがあって眉毛を隠さないサイズ感のフレームに落ち着きました。アクセサリーやアイウェア類は玄関脇に置いてあり、足元まで全身コーデをした状態でバランスを見ながらセレクトしています。

glasses_OLIVER PEOPLES　knit_LE CIEL BLEU

sunglasses_TOM FORD

sunglasses_SAINT LAURENT

glasses_recs

glasses_THOM BROWNE

カジュアルに目覚めたのは実は夫のおかげです

He is my teacher!

私の夫はスタイリスト。主に男性のスタイリングをしています。そして、私がカジュアルを取り入れるきっかけを作ってくれたのがこの人です。以前の私はいわゆるキレイめが好きで、スニーカーも苦手、メンズを着るなんて発想は微塵もありませんでした。彼はそんな私にダボダボパンツに自分のTシャツを合わせるコーデを勧めてきたんです。最初はもちろん反抗していたのですが、実際に着てみると、あれ、確かにいい感じ…。そして何よりラクでびっくり！子どもを生んでからの自分のライフスタイルにもすんなりハマりました。以来すっかりカジュアルに開眼し、今に至るという感じです。今でも買い物はほぼ一緒に行き、「これ持っときな」「これは合わせやすいよ」とうるさいくらいにアドバイスをくれる夫。おかげで失敗も減ったし、共有している服もたくさんあるし、私のおしゃれの先生と言える存在。ものすごーく感謝しているけれど、おだてるとドヤ顔をされてイラッとするので絶対に言いません（笑）。

[Mai]see-through tops, border tank top_HYKE　denim pants_MY cap_Edition　ear cuff, bangle(upper), bangle(lower), silver ring, silver thick ring_PLUIE　gold ring_Bijou de M　wedding ring_BOUCHERON
[Husband] t-shirt_BALENCIAGA　shorts_kolor BEACON　necklace_CHROME HEARTS

Make use of my hubby's clothes
私たちのファッションアイテム共有例

BEIGE KNIT
AURALEE

肌触りがよく落ち感のあるニットは、夫が着ても私が着てもちょうどいいゆったり感。ゆるめサイジングのパンツで、デイリー仕様のリラックススタイルに。ニットの裾が私にはやや長いので、フロントを少しボトムインしてバランスをとっています。

[Mai]pants_N.HOOLYWOOD ear cuff, silver ring_PLUIE gold ring_Bijou de M wedding ring_BOUCHERON sneakers_NIKE
[Husband]t-shirt_Maison Margiela pants_ami alexandre mattiussi necklace_CHROME HEARTS bangle_CODY SANDERSON leather bracelet_goro's watch_ROLEX sneakers_REVENGE×STORM

DENIM JACKET
sacai×Levi's®

Gジャンはビッグサイズのアウターとして活用。サイドのジップを開いてAラインのシルエットをつくるとより女らしく着られます。夫は下もゆるパンですが、私はここではスキニーをチョイス。全身で逆三角形のシルエットを形成してスタイルアップ。

[Mai]t-shirt_UNIQLO denim pants_AMERICAN RAG CIE casquette_KIJIMA TAKAYUKI pierced earring,
silver ring, silver thick ring_PLUIE pumps_DEIMILLE
[Husband]t-shirt_BALENCIAGA denim pants_STELLA McCARTNEY cap_VETEMENTS
necklace_CHROME HEARTS sneakers_NIKE×SEAN WOTHERSPOON

CHECK SHIRT
UNUSED

MAI LIFE _ fashion method

裏地つきでハリのあるUNUSEDのチェックプルオーバーシャツは、チュニック感覚で。いかにもメンズっぽいアイテムの時は女性らしく着るバランスの方が好きなので、ここでもボトムは黒スキニー。モノトーンでまとめて、カジュアルすぎないように。

[Mai]denim pants_AMERICAN RAG CIE ear cuff、silver ring、silver thick ring_PLUIE gold ring_Bijou de M wedding ring_BOUCHERON sneakers_VANS
[Husband]pants_Acne Studios watch_ROLEX sneakers_NIKE×Off-White

MOUNTAIN PARKER
sacai×The North Face®

MAI LIFE _ fashion method

　　　　実はこれはレディース。2人ともに合うサイズを探したところ、レディースのSがベ
　　　　ストだったんです。普段からレディースもよく着る夫はファッションに関しては本当
　　　　に自由で、自分の体型に合うサイズのものを探すのが上手。いつも驚かされています。

[Mai]t-shirt_UNIQLO　pleateb skirt_UNITED ARROWS　pierced earring_BEAUTY&YOUTH　silver ring_PLUIE
gold ring_Bijou de M　wedding ring_BOUCHERON　sneakers_CONVERSE
[Husband]t-shirt_ALEXANDER WANG　pants_YAECA　cap_GIVENCHY　gold necklace,
silver ring(right), silver ring (left), gold ring_CHROME HEARTS　sneakers_NIKE×Off-White

#まい絵日記 vol.2
(Fashion)
@mai_enikki

夫婦で共有できるアイテムが多いのはありがたいのですが、
それゆえに着たい服がかぶる時も。
ジャーンケーンホイ!!

Health First

美味しいものをよく噛んで食べて、よく出して、
可能な限りよく眠る。とにかく体内を循環させ、
よどませないこと。それが私の健康法です。
健康第一！とは思いつつも、そもそもがラフな性格なので
健康オタクにはなれない(笑)。私なりに厳選した健康法を
丁寧に続けていくのが性に合っています。
そして、"排泄"にだけはものすごーく熱心です！

腸内環境を整えたら
すべてが好転した！

代謝が悪く、便秘で冷え性。おまけに生理不順まで…。そんな女性特有の悩みをすべて抱えている私にとって、体質改善は永遠のテーマ。中でも根深いのが便秘で、子どもの頃からお通じは週1回あるかないか。それが普通だと思っていたので、学生の頃に毎日出る人もいると聞いて衝撃を受けました（笑）。

便秘改善に取り組み始めたのは事務所に所属した22歳の頃。当時はあまり仕事もなく時間があったので、「とりあえず便秘でもなんとかしてみるか」と考えたのがきっかけです（笑）。食事法や生活習慣をすべて見直し、いいと聞いたものはすぐ実践。いろいろな方法を試した結果、もっとも効果があったのが白湯と青汁でした。温め効果や食物繊維の働きで腸の動きが活発になり、あれだけ滞っていた便通がスルッとスムーズに。老廃物がきちんと排出されることで肌荒れも自然に治り、腸内環境を整えることの大切さを深く実感。今も毎日飲み続けています。

もちろんそれらさえ飲めば出るわけではなく、生活の中に排泄のリズムを作ることもとても重要。朝ゆっくり白湯を飲んだら、便意をもよおすのを待つ時間をとる。せかせかしていると絶対に出ないので、朝できるだけゆったりと時間を過ごせるように早起きを心がけています。

また、1年ほど前から乳製品をやめたことも便秘解消の決め手のひとつ。それまではむしろ積極的に摂っていたのですが、ヨーグルトやチーズなどの乳製品に対して遅延型アレルギーがあると検査で判明したんです。遅延型アレルギーは、お腹の張りや体の不調が2〜3日後にやってくることもあるので、専門の検査をしないとわからないのだそう。私の場合はリンゴなども該当したのですが、お腹にいいと思って食べていたものが逆効果だったことにビックリ。根本的な体質改善を目指すなら、まずは自分の体をきちんと知ることから始めるべきだと思い知らされました。

How to keep fit
健康のために続けている3つのこと

1:「朝はゆっくり白湯を飲む」

朝起きて最初にするのが、白湯を飲むこと。
内臓をじんわり温めることでゆっくりと
体が目覚め、1日のスイッチが入るんです。
ウォーターサーバーのお手軽な白湯ですが
続けるうちに代謝が上がり、冷え性が改善。
最大の悩みだった便秘も解消したので、
ここ10年ほど朝の習慣になっています。

tops_ jounlynx

MAI LIFE _ health first

便秘改善と同時期に始めたのが、ホルモンバランスの治療です。昔から生理は本当に不順で、2ヶ月止まることもしばしば。そうなると代謝も止まるのか、肌がゴワゴワ硬くなり、まるで象みたいな質感に…（泣）。漢方治療は苦くて断念したけれど、ピルを飲み始めたら2ヶ月で効果が出て、肌の調子も劇的に変わりました。肌がキレイと褒められるようになったのはその頃から。

その一方で甲状腺ホルモンの数値は今も悪く、病院での診断は橋本病。代謝の悪さや冷え性、髪や肌が荒れやすくなる他、無気力になるのが特徴で、妊娠しづらいという面も。幸い私は治療によって症状が改善し、代謝も上がって妊娠することができました。橋本病は女性に多いそうなので、不調を感じている方は検査を受けてみるのもいいかもしれません。私自身も、ちょっとしたニキビでもすぐにクリニックに駆け込むタイプ。自己判断で済まさず、専門家にお任せした方が何事も早く解決すると思います。

こうして自分の体に向き合った結果、つくづく感じたのが内側からのケアの重要性。健やかな肌と体でいるために何より大事なのは体の中を整えること！　これに尽きます。食生活に対する意識も変わりました。胃と肌の状態は直結するので消化のいいものを食べる、むくみ解消のために利尿効果の高いトマトジュースを飲む、などに加えて調味料にもこだわりが。ミネラル豊富なココナッツシュガーやきび砂糖（喜界島粗糖がオススメ）、抗酸化作用が高いエゴマ油やMCTオイルなど、毎日使うものだからこそ、体にいいものを選ぶようにしています。…と言うとストイックなようですが、白米好きだし、甘いものもやめられない（笑）。炭水化物から食べずに野菜から食べたり、食べすぎたら翌日セーブしたり、お菓子も小皿にとって食べすぎないようにしたりと、無理のない程度で気をつけるようにしています。

さらに、30歳をすぎたあたりからは外からのケアの必要性も感じるように。二の腕やお尻など、今までにない体型の変化を感じてジム通いをスタートしたのが1年前のこと。妊娠したのでしばらくはストップしていましたが、少しずつトレーニングをスタートさせています。
健康は1日にしてならず。年齢を重ねていく自分の体と、丁寧に付き合っていこうと思っています。

2:「青汁は毎日欠かさない」

白湯同様、10年前から飲み始めた青汁はお通じをスムーズにしてくれる強い味方。便秘が治ることで肌もキレイになり、私の健康はコレ抜きでは語れません。メーカーには特にこだわらないけれど、ケールは苦くて続けられないので×。国産の大麦若葉を使用したものをお湯で溶いて朝食時に飲んでいます。

3:「よい睡眠を心がける」

睡眠時間は多くても5時間程度。せめて質を上げようとオーダーメイドの枕を愛用中。高さやカーブがピッタリなものを使うことで、歯ぎしりや食いしばりグセが改善しました。また、寝つきをよくするために効果的なのがマッサージとストレッチ。妊娠後期は毎晩こむら返りを起こしていたのですが、寝る前に筋膜をしっかりほぐすようにしたら翌朝までぐっすり。

tops_ jonnlynx

#まい絵日記 vol.3

Health

@mai_enikki

食事では補えない栄養素を摂取できるサプリって
本当に手軽でものすごく魅力的。
なのに、なぜか続かない。飲むだけなのになぜ…！(笑)
毎日続けられるものを毎日続ける。私はそれでいいのだ♡

Child Raising

MAI LIFE _ child raising

28歳の時に長男が誕生して、そして始まった子育て。
仕事を続けていくうえで、子どもの存在は負担になるのでは
という不安ももちろんあったけれど、
それは完全なる取り越し苦労でした。
生めてよかった、母親になるチャンスをいただけてよかった
という感情しかないです。もちろん、大変だけど(笑)。
2018年末には次男も誕生。男の子2人の子育てに奮闘中です。

MAI LIFE _ child raising

1
[Mai]knit_LE CIEL BLEU
[Second son]rompers_UNIQLO

2
[Mai]sweatshirt_YEEZY SEASON 5
denim pants_MY
[Eldest son]hoodie_Merge LA
denim pants_GRAMICCI

3
[Mai]knit_LE CIEL BLEU
pants_MY
[Eldest son]hoodie_Merge LA
denim pants_GRAMICCI

4
[Mai]one-piece, pants_UNITED ARROWS
gold necklace, silver ring_PLUIE
gold ring_Bijou de M
wedding ring_BOUCHERON
[Eldest son]t-shirt_FRED PERRY

MAI LIFE _ child raising

子どもたちがいるからこそ
頑張る力が湧いてくる

　長男を生んでまず感じたのは、こりゃ大変なことが始まってしまったぞ！ということ（笑）。自分が今まで築いてきたライフスタイルやリズムなんてものは跡形もなく崩れ、夜泣きにオムツ替えなど、初めての連続におろおろ。自分のことを考える時間や余裕は一切なく、戸惑いながら子育てがスタートしました。

　特に産後すぐはホルモンバランスも大いに崩れていて、情緒不安定。そのせいか、「すべて完璧にやらなきゃ」という気持ちが異様に強く、いつもピリピリしていました。当然うまくできるわけもなく、できないはがゆさに落ち込んで、自分を責めて…。毎日が必死で今はもう細かく覚えてないけど、つらかったですね。

　あの時期は、母親として成長するための試練だったのかもしれないと今は思っています。だから、私と同じような悩みを抱えている産後のお母さんたちには「ホルモンのせいだから気にしないで」と教えてあげたい。どんな母親もみんな同じ気持ちを経験しているはずだし、つらいのもそのうち終わりますよって。

　今は、その時の気持ちが嘘だったみたいにあっけらかんとしています。ただただ、子育てが楽しい。おもしろがる余裕があります。思い通りにいかなくて当たり前！とポジティブに受け入れられるようになったという感じでしょうか。もともとがおおざっぱで「まあいいや」というタイプですが、子どもを持ったことで自分の物事の捉え方に自信を持てた感じ。そう思えた方がより幸せだと気づかされました。その方が断然、生きやすい。

　子どもは毎日変わります。昨日できたことが急にできなくなったり、好きだったはずのものを食べなくなったり、「なんで!?」の連続。でも、そのたびにいちいちへこんでいたらやっていられない。「そんな時もあるよね〜」ってヘラヘラ受け流しています（笑）。失敗と成功を繰り返しながら臨機応変に対応できるようにはなってきたのかもしれません。

自分を否定しなくもなりました。ダメなところは今でも呆れるほどあるのですが(笑)、それも自分だと認められるようになった。思い通りにできない自分にくよくよすることもないし、それを悪いと思わなくなったというか。完璧じゃなくてもいい、快適であれば。子どもと一緒に成長していければいいやって。

人間を育てるって難しいなってつくづく思います。自分もまだ未熟なのに、何をどう教えればいいのか、試行錯誤の毎日です。最近取り組んでいるのは、すぐには怒らず息子目線になって見つめ直すこと。"私はこうだから当然息子もこう"という思い込みは一旦捨てて、「なぜこの子はこれをやりたかったんだろう?」と想像します。そうすると息子なりの考えや理由が見えたりする。そのうえで話をする方が有意義です。あとは自分自身の行動、言動にも気をつけるようになりました。「約束は守らなきゃ」とか。それは100%素直に接してくれる息子への私の誠意。だから、自分ができていないことを子どもに強いるのは間違ってる。

最近は3歳の長男が私をなだめようとしてくれるんですよ。夫と口論していると、私たちをギュッとハグしてチューさせようとしたり。私がお説教をしている時も私の両頬を手で挟んで、「怒っちゃダメよ? 大丈夫だから。ね? よしよし、んーまっ♡」(笑)。こっちはあなたのことを叱ってるんですけど!っていう(笑)。

私はもともとは子どもが好きではなかったんです。でも今は可愛くってしょうがない。世界中の子どもが可愛い。自分の中にこんな感情があるなんて。こんなにも母性があったなんて驚きです。

あとは強くもなりましたよね、必然的に。だってやるしかないから。夫に何かあったら自分しかいない。私がこの子たちを育てなきゃいけないと思うとシャキッとします、頑張ろうって。そんな風に生きるエネルギーをくれるのもやっぱり子どもたち。はあ、愛おしい♡(笑)

Me and son in matching outfits
ちょこっとリンクコーデを楽しんでいます

わかりやすい親子ルックは年齢的にも
照れくさいので、コーデのテンションを
さりげなくリンクさせるのが我が家流。
同じ柄や似たアイテムを着ると
長男が「いっしょー！」と喜んでくれます。
それだけで意味がある（笑）。みんなで
揃えることはせず、家族で出かける時は
私＆息子、夫＆息子のどちらかのみ。
次男が大きくなってきたら、
兄弟でおソロコーデをさせようと計画中。

MAI LIFE _ child raising

インパクト柄は小物でリンク

息子はキャップ、私はスリッポンでチェッカー柄を取り入れたコーデ。主張が強い柄を使う場合は、面積が小さい小物でリンクさせると悪目立ちすることなく着こなせます。今回は、ルーズTシャツ×細身パンツでシルエットも実は同じ。あえて色味は揃えず、おソロ感はニュアンスで楽しむ程度が好きです。

[Mai]t-shirt_BALENCIAGA tank top_MM6 Maison Margiela demin pants_AMERICAN RAG CIE ear cuff, gold necklace_PLUIE gold ring_Bijou de M wedding ring_BOUCHERON sneakers_VANS
[Son]cap_STELLA McCARTNEY t-shirt_N. HOOLYWOOD border tank top_UNIQLO denim pants_Lee sneakers_VANS

MAI LIFE _ child raising

同アイテムを異なる味つけで

ブランドは違うけれど、黒のMA-1×デニムの組み合わせは一緒。そんなおソロ度高めな着こなしの時は、スタイリングでテイストに変化をつけます。息子はボーダーでカジュアルに、私はスリットからのぞく黒レースやサンダルで女性らしく。それぞれの個性を生かした親子コーデを狙ってみました。

[Mai]jacket_UNUSED t-shirt_Ron Herman denim skirt_sacai ear cuff, gold necklace(upper), gold necklace(lower)_PLUIE gold ring_Bijou de M wedding ring_BOUCHERON sandals_sacai
[Son]jacket, border t-shirt, pants_FITH sneakers_NIKE

My son's fashion show!! | "うちのやんちゃ"的着こなし図鑑

息子の服は夫が買ってくることがほとんどで、
テイストはカジュアル&ストリート。夫のミニチュア(笑)。
私は男の子のファッションはよくわからないので任せています。

MAI LIFE _ child raising

1:jacket, border tops_ FITH denim pants_GRAMICCI
sneakers_VANS
2:jacket, tops, pants_FITH knit cap_DENIM DUNGAREE sneakers_VANS
3:t-shirt_Go to Hollywood shorts_GRAMICCI cap_STELLA McCARTNEY
sneakers_VANS
4:tops, pants_FITH stripe shirt_DENIM DUNGAREE sneakers_adidas
5:t-shirt_UNDERCOVER denim pants_DENIM DUNGAREE
cap_STELLA McCARTNEY sneakers_adidas
6:t-shirt, cap_STELLA McCARTNEY pants_FITH sneakers_VANS
7:jacket, border tops_FITH pants_SMOOTHY sneakers_CONVERSE

8:jacket, pants_FITH sneakers_NIKE
9:t-shirt_N. HOOLYWOOD border tank top_UNIQLO denim pants_Lee cap_STELLA McCARTNEY sandals_Teva®
10:outer_FITH hoodie_Go to Hollywood pants_GRAMICCI sneakers_NIKE
11:t-shirt_Go to Hollywood shorts_GRAMICCI cap_STELLA McCARTNEY sneakers_VANS
12:jacket_SWAP MEET MARKET sweatshirt_UNDERCOVER denim pants_Lee sneakers_NIKE
13:border tops_FITH pants_GRAMICCI rucksack_STELLA McCARTNEY sneakers_VANS
14 t-shirt_FITH pants_SMOOTHY sneakers_CONVERSE

#まい絵日記 vol.4

(Child Raising)
@mai_enikki

これ、盛ってるイラストじゃなくてほんとにまんま。
朝から公園を2ヶ所ハシゴして帰ってきても、
ずっと走って転がり回ってる(笑)。
お昼寝なんてしようもんなら、また100%充電されて振り出しに戻る。
誰か息子を止めてぇぇ(切実)。底ナシの体力、恐るべし。

そんな、そんな言葉には惑わされんぞ！
私は今、君に怒ってるんだ！（可愛すぎるだろ…鼻血）
はぐらかし方が夫にそっくり(笑)。
3歳の男の子に心かき乱される日々です。

Life with Husband

本の中にもたびたび登場する夫は、私の7歳上。
実はこの人が本当にクセ者で…(笑)。
仲はいいけれど、ケンカはきっとどこの家庭よりも多い。
結婚してからの5年間は、お互いを理解し、受け入れ、
攻略することに、そのほとんどの月日を費やしていた気がします。
でも彼は、そんな面倒を繰り返しながらも
一緒に生きていこうと思える唯一の人でもあります。
夫婦の道は1日にしてならず、ですね。

MAI LIFE _ life with husband

"夫は私のネタ元"
そう思ったらラクになった(笑)

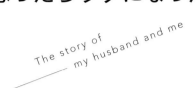

The story of my husband and me

育った環境が違う人と一緒に心地よく暮らすには、それぞれの前向きかつ寛容な努力が必要。これは私がこの5年間の結婚生活で学んだことです。

私の夫は子どもみたいな人で、とにかく元気。そしてずーっとふざけています。公園では誰よりも全力で遊ぶし、プールでもしょっちゅう笛を吹かれる。「飛び込まないでくださーい」の先にいるのはだいたい夫(笑)。子どもと遊んでくれるのはありがたいけれど、本気で対等に遊ぶからすぐケンカに発展。それで息子が泣いたりして、とても厄介。私は彼を"生んだ覚えのない長男"と呼んでいるのですが、彼も開き直ってそれを受け入れている様子。息子と同じように私に甘えたいんだと思います(笑)。

外ではきちんとしているので、そんな人だとはつゆ知らず。付き合い始めの頃はお互いに猫をかぶっていたし…(笑)。で、3年くらいかけて大量の猫を徐々に剥がしていった結果、お互いすごいのが出てきた!(笑) 彼はまさにクレヨンしんちゃんの実写版。家では息子と2人でお尻を出して踊っています。呆れるけれど、どうでもいい気分になれるのでありがたい時も多々。できていないことばかりが目について1人でモヤモヤしている時も、この人たちが楽しそうだからまあいいやって思えてくるんです(笑)。

そう聞くと終始ゴキゲンな人のようですが、喜怒哀楽が激しく、笑っていたかと思ったら急に凹んだりして忙しい。そのうちに、「なんで俺の機嫌をとってくれないの」と怒ってきます(笑)。「こういう時は機嫌をとっておいた方が面倒くさくないよ」って自分で言うんですよ。気持ちを正直にぶつけてきてびっくりします。でも、それは同時にラクでもあるんです。今までの私は溜め込んで何も言え

[Mai]t-shirt_UNIQLO denim pants_MAISON EUREKA bangle(upper), bangle(lower), silver ring, silver thick ring_PLUIE gold ring_Bijou de M wedding ring_BOUCHERON pumps_DEIMILLE
[Husband]t-shirt_RtA denim pants_sacai watch_ROLEX necklace, silver ring(right), silver ring(left), gold ring_ CHROME HEARTS bangle_CODY SANDERSON leather bracelet_goro's sneakers_BALENCIAGA

ず、話し合おうともしないで勝手に諦めることが多かったのですが、夫にだけは遠慮せずなんでも言えるようになったから。

ケンカはもう飽きるほどしています。彼は体育会系なので、どんなに揉めても納得するまで逃してくれない。とことん話し合うタイプで、正座をさせられたこともあります(笑)。ケンカのたびに大キライになり、3日くらい話をしないこともありました。でもそれは私が言いたいことを我慢していたのも原因。ケンカを長引かせたくなかったからなのですが、結局あとから「こうして欲しかったのに」「いや、聞いてない。なんでその時に言わないの？」とまた揉める。これって建設的じゃないな、と反省。今ではお互いに溜め込まず気持ちを伝えるようになりました。話し合う時間を強引に作ってくれた夫には感謝しています。

付き合いが長くなるにつれ、ケンカを収める方法もわかってきました。私は、夫の機嫌が悪くなってきたらとにかく寝るのを待つ。寝て起きたらケロッと機嫌がよくなっている人なので。ケンカが始まったら、早く寝ないかなあと思いながら自分の言い分はグッとこらえて、夫の発言も全部聞き流し、とりあえず謝ってその場を収めます(笑)。次の日が私の番。我慢しっぱなしだと私もむしゃくしゃするので、きっちり言い返します(笑)。

逆に夫が私の機嫌をとることももちろんあって、その方法は一択。"食べ物で釣る"(恥)。とりあえず美味しいものを食べさせておけば黙るそうで…。「お寿司食べに行こっか」なんて言われると、どんなに怒っていても「うん」と言ってしまう。お寿司に罪はないので！(笑)

そうやってお互いをなだめながら、なるべく平和にケンカを終わらせる、というのを永遠に繰り返しています(笑)。ケンカのペースは変わっていないかもしれない。でも仲直りが早くなっただけでも大きな成長です。夫にイライラしている時は子どもも私の気持ちを察してグズるし、それをなだめる心の余裕もゼロ。夫婦の不仲は子どもにダイレクトに影響するのでよくないなと。切り替えが早くなったのは、きっとそれが一番の理由です。

それにしても、毎回同じことで夫に怒られている私…(笑)。懲りない私も私ですが、この人もよく諦めないなーといつも感心しています。それって逆に愛情深いことだなと思って。突き放さずに私に興味を持ってくれてありがとう。イヤな部分にも諦めず向き合ってくれる安心感があるからこそ、私も懲りずに何度も怒られるのでしょう…(笑)。

頼れるところもたくさん。彼はとてもきっちりした人なので家計はすべてお任せ。おおざっぱな私は細かいやりくりができず、お小遣い制(笑)。洋服の整理整頓も得意で、私のクローゼットを「ありえない！」と言いながら整理をしてくれたり、脱ぎっぱなしの服をたたんでくれ

たりもします。もちろん小言をたっぷり聞かされつつ…(笑)。料理以外の家事は全般的に夫の方が上手です。基本的には頼まないとやってくれませんが(笑)。

あと、彼は私をよくデートに連れて行ってくれます。おしゃれをして、メイクをして、子どもを預けて2人で出かけようよって。恋人気分に戻りたいようで、私が女をサボるのを絶対に見逃してくれないんです(笑)。長男を生んだばかりの頃はそれがすごくイヤでした。彼がお父さんになりきれずにワガママばかり言ってる気がして。そして私の興味が息子にだけ注がれている、自分をないがしろにした!と言ってグレました(笑)。なんと赤ちゃん返りしたんです。かまってモード全開な夫がストレスでした。こっちは今、母性100%なの、わかってよって。

右も左もわからない初めての育児で不安な毎日、一番頼れる身近な大人のはずの夫はまさかの赤ちゃん返り。やばい、このままでは夫婦の危機かも…と思い始め、考えを改めてみることに。そもそも、私をまだ女性として見てくれているなんてありがたいことではないか。こちらの言い分を聞いて欲しければ、まず自分があちらの話を聞いてみようって(笑)。今では夫がそういうタイプの男の人でよかったと思えます。それがなかったら、きっとうまく息抜きもできなかったし、女性としてメイクやファッションを楽しむ余裕も持てなかった。こうして本を出せることもきっとなかったと思うから。

よく"結婚した決め手"を聞かれるのですが、特に思い浮かばないというのが本音。好きだし、一緒にいて楽しいし、断る理由もなかった、という感じです(笑)。結婚の条件もそもそもなかった。ただ、もしこの先最悪なことが起きても、この人となら楽しくやっていけそうとは思いました。幸せなことより不幸なことをたくさん想像した時、「あ、大丈夫そう」みたいな。笑っていられそうだなって。

PCやテレビの配線も家具の組み立ても私の担当だし、もっと頼らせて!と思う時もあるけれど、できることは自分でやる方が結局私には合っています。だからこの人と一緒になったんだろうな、うまくバランスがとれてるなって思います。彼との暮らしは単純におもしろいし、ネタも尽きない(笑)。息子に「ママは俺のもの!」と言って私を取り合い、いい母親だと言ってくれる。それだけで十分。

そして次男が生まれた今、彼が長男としてやりきるのか、我が家にもう1人大人が増えるのか、それが今一番気になるところですね(笑)。

Interview with husband
夫の気持ちも聞いてみました

言われっぱなしでは夫がちょっと気の毒？(笑)　それなりに一生懸命やってくれているのは
わかっているので、彼の言い分も聞いてみることにしました。
インタビューしてくださったのは編集さん。照れながら語っていたそうです(笑)。

——今回はカッコつけ禁止でお願いしますね。スバリ奥さんのどこが好き？
真面目で、サバサバしていて、スレていないところです。よく周りには美人で羨ましいって言われるんですが、結婚した理由は"中身"です。付き合い始めてからというもの、奥さんにはあまりストレスを感じたことがないんですよ。本当に居心地がよくて、だからずっと一緒にいたいと思ってプロポーズしました。あ、もちろん今は外見も可愛いって思ってますよ！(笑)

——そりゃそうですよね(笑)。なんでも正直に話すと伺いましたが？
はい、なんでも話します。彼女を信頼しているし、気を使うこともカッコつけることもまったくないです。いつでも全開、フルオープンで接しています。でもそれは今の奥さんだからだと思います。お互いのダメなところを許せる感じがあるんですよね。僕は彼女にムカついたことはそんなにないので。

——夫にはよく怒られるっていう情報が入ってきておりますが…(笑)。
怒ってないんですよ！　伝えたい話がある時って、ちょっと声のトーンが上がるじゃないですか。それを怒ってるととられてしまう。僕は真剣に話し合いをしているつもりなんですけどね…。でも何しろ大声を出されるのがイヤみたいなので、気をつけて喋るようにはしていますね。ケンカの数も奥さんが思っているほど多くはないはず。そのほとんどがケンカではないと僕は思っているので。本気のケンカは…運転中ですかね(笑)。僕、運転中はすぐにイライラしちゃうんですよね。

——(笑)。家事は手伝います？
甘えがちですね…。僕は学生の頃からずっと1人暮らしなので、本当は家のことはだいたいできるんですよ。今は奥さんがテキパキやってくれるんで、つい…。でも彼女が本当に疲れてやりたくないと思っている時は見てわかるので、そういう時は手伝います。掃除は普段から僕もやりますし。それに、本気を出したらキレイになるのは僕の方だと思います(笑)。

——次男くんが誕生して、心構えみたいなものは変わりましたか？

実は、特に変わっていないというのが正直なところなんです。ただ、長男だけの時のように僕が"かまってちゃん"になることはなかったですね（笑）。うちは共働きで、しかも両親ともに近くに住んでいない状況なので、僕がそんな甘えたこと言っていたら奥さんが大変すぎるなと。いろいろと分担した方が家族が快適だから、と思って自然にそうしているだけですね。何も我慢していないし、頭で考えて動いていないんです。その時々でいいと思うこと、したいことをしているだけというか…。

——じゃあ長男だけの時は奥さんに甘えてもいいと思っていたと（笑）。

そういうことになりますね（笑）。違うみたいですけど（笑）。長男が生まれた後、彼女の中で母性が優勢になっていた時も、僕は何も知らずにかまってかまって言っていました。「もう外で彼女つくっちゃうから」って小言みたいにつぶやいていましたからね、ずーっと（笑）。うっとうしかったみたいですね。彼女がそんな状態だなんて全然知りませんでした（笑）。

——奥さんはそれに関しては今では感謝していましたよ。女性としての気持ちを失わずにすんだと。

よかったです（笑）。僕のワガママもたまには意味がありますね（笑）。というよりは、それを受け入れてくれた奥さんの器が大きかったってことですよね。

——そう思いますね（笑）。

僕は相当ワガママなので、こんな自分と一緒にいてくれるなんて感謝しかないです。泣き言や恨み言をほとんど言わないし、人のせいにもしない。そういう男らしさも尊敬しています。だから、奥さんが服をくしゃくしゃのまま脱ぎっぱなしにするくらい、大したことじゃないと思うようになりました。昔は絶対に正してやると思っていたけど、気にならなくなってきているかもしれないですね。僕ができることは僕がやればいい。

——つまり、補完し合えていると。

いやいや、奥さんは仕事も子育ても本当は全部1人でできる。僕は与えられてばかりなんです。だから、彼女が気分よくいるために僕ができることは協力するつもりですよ。日頃から本当に感謝してるんで！

#まい絵日記 vol.5

(Husband)
@mai_enikki

うーん美しい、10点満点！っておーい！
誰のためにここに来たんだっけな…と思うぐらい、
子どもの遊び場でも全力で遊ぶ夫。
なんなら一番楽しそう。…よかったね♡(笑)

Pregnancy and Birth

妊婦として過ごした期間も、そして分娩の時も
1人目と2人目では全然違いました。
長男の時はそれはそれは緊張していて、不安で心配で…。
でも今回(次男)は楽しめた。長男もいて忙しかったけれど
気持ち的には穏やかでリラックスした日々でした。
恥ずかしながら、マタニティフォトにも挑戦。
でも、この時期の写真を残せたことは素直に嬉しいです。

MAI LIFE _ pregnancy and birth

bra top_jonnlynx
shorts_CherShore
gold ring_Bijou de M
wedding ring_BOUCHERON

MAI LIFE _ pregnancy and birth

妊娠中は思いっきり
リラックスして楽しむべき

長男の妊娠中は、楽しかった記憶があまりないんです。しんどい、何もできない、何も食べられない…みたいな、そういうつらい記憶しかなくて。私のまわりでは出産が早い方だったので、相談する人もいなかった。ネットの情報とお医者さんに言われることがすべて。"NGリスト"を守って、厳しく神経質にやっていました。ちゃんと育っているのかな、赤ちゃんは大丈夫かなって、とにかく怖くて。ずっとドキドキしていました。

そんな時、助けてくれたのが『マイ マタニティ ダイアリー』という書籍。「今日、毛が生えてきました」とか、「指が5本になりました」とか、妊娠してからの日数を見ればその日の赤ちゃんの様子がわかる本で、毎日読んでいましたね。安心するんですよね、すごく。初めて妊娠した人には是非オススメしたい1冊です。

ですが、そんなバイブルも2人目の時は見事に一度も開かず…(笑)。自分が何週かと聞かれてもわからないほど細かいことには無頓着。毎日長男と走り回り、公園もハシゴするほど元気。お腹の赤ちゃんと一心同体であることに喜びを感じたり…。本当に余裕のある十月十日だったんですよね。なぜ1人目の時はこれができなかったのか、もったいなかったなーって思います。妊婦時代って本来はこんなにも愛おしいものなのに。

ファッションに関しても自由で、今回はいわゆるマタニティ服というものは1枚も買っていません。手持ちの服の中で着られるものを活用しながら、好きな格好をしていました。大きなお腹はむしろ生かしてた。妊娠は病気じゃないってよく言われるけど、本当にそう！ 普通にリラックスして暮らしていいんだよってこと、もっと早く知りたかったです。

1人目の時、臨月に入る直前で切迫早産になりかけて絶望した当時の私にも言ってあげたい。「もうすぐ臨月だからそのまま生まれたとしても大丈夫。大らかに誕生を待っていようよ」って(笑)。

自然分娩と和痛分娩、2タイプのお産を経験

I experienced two types of births

1人目が自然分娩で、2人目が和痛分娩。お産に関しても2人は全然違います。その大変さは雲泥の差!

最初はやっぱり自然に生んでみたいと思い、赤ちゃんに優しい病院を選びました。"この子にとって一番いい生み方を"と願って。破水から始まった陣痛でしたが、なかなか進まず計27時間、ずーっと瀕死。死ぬほど痛い。お腹が空いてはいないかと気を使った夫がウイダーinゼリーのパックを一握りで口に入れてきたことにキレるなど、殺伐とした時間が続きました(笑)。なんとか自然に生めるよう病院側も頑張ってくれたのですが、最後の最後で「母子ともに心拍が落ちてきた」と診断され、促進剤を打ってもらった10分後にボーンと誕生。まず頭に浮かんだのは、「こんなことなら早く打ってもらえばよかった」という後悔(笑)。絶対に号泣すると思っていたのに全然泣けず、放心状態。終わった…という安堵しかありませんでした。産後のダメージは絶大。会陰も見事に裂けました。

一転、次男の時は山王病院での計画和痛分娩。長男もいるし、生んですぐにママ業が始まるので、産後の体の回復の早さを優先しての選択でしたが、実際びっくりするほどラクでした! 何度か痛いタイミングもあったけど我慢できないほどじゃなかった。途中、検診に来た助産婦さんに「これは勝ち戦だわ」と言われて嬉しくなったりしつつ(笑)、最後は夫と談笑しながら生みました。いきむ時は痛みゼロ。産後も余裕で、生んで30分後に歩いて病室に戻ろうとして怒られました。ただ後陣痛だけは尋常じゃなく、痛み止めを飲まないと眠れないほど。長男の時は後陣痛はまったくなかったのに。

お産は本当に予測不能で、経験しないとわからないことだらけ。自然分娩も経験できてよかったと今は思えます。あのつらさは一生笑える(笑)。ちなみに私は陣痛中の出来事をかなり克明にメモしています。後で読むとおもしろいですよ。

Mai's maternity fashion | 妊娠中もおしゃれを満喫♡

最初の妊娠の時は、おしゃれは諦めなきゃいけないと思っていたけれど
2人目の時は肩も出したし、サンダルも活用。おしゃれが楽しかった。
大きなお腹だからこそ素敵に見える着こなしがあるんだなあって。

MAI LIFE _ pregnancy and birth

夫のデニムが なかなか使える
いつものスタイルに近いカジュアルなコーデ。ダボダボサイズのデニムは夫の愛用品。妊娠中は夫のパンツがとても役に立ちました。

sacaiのドレスで パーティに参加
選んだのは、袖のあるタイプのゆったりとしたドレス。ドレープやフリルが大きなお腹を素敵に活かしてくれるデザインに一目惚れ。

モノトーンで 軽やかにクールに
妊娠中期はゆるめのワイドパンツが便利でした。スニーカーサンダルで足元を軽快に、全身をモノトーンでまとめれば印象もスッキリ。

シャツワンピを 腰巻きアレンジ
シャツワンピの袖部分を腰に巻けば、お腹の膨らみも気になりません。逆に、結び目がお腹に乗ってほどけにくいという利点も(笑)。

太めスラックス、 ヘビロテでした
ウエストがゴムになったスラックスは、ラクちんなのにきちんと感もあって大活躍。トップスがラフでもそれなりに見せてくれます。

1:coat_HYKE hoodie_UNUSED pants_MAISON EUREKA sneakers_CONVERSE 2:one-piece, sandals_sacai
3:tank top_Hanes×karla pants_H BEAUTY&YOUTH bag_BALENCIAGA sandals_Teva®
4:tops_UNIQLO one-piece_BEAUTY&YOUTH wallet_VALENTINO sneakers_CONVERSE 5:t-shirt_Ron Herman
pants_N. HOOLYWOOD glasses_OLIVER PEOPLES bag_Maison Margiela sandals_BEAUTY&YOUTH

ニットワンピは大きなお腹の味方	**リゾートではもっぱらワンピース**	**プリーツスカートは絶対に買うべき！**	**プリーツスカート、妊娠後期の応用編**	**ラップタイプのチノパンが最愛♡**
よそ行き用のワンピとして、妊娠後期に重宝したのがこれ。アシンメトリーなデザインには、お腹を目立たせない効果もあるんです。	P62でも紹介したワンピースは沖縄旅行にも連れて行きました。ここでは中に白のプリーツスカートを合わせて涼しげに見せています。	長男妊娠時になぜ買わなかったのか！と後悔するほど便利（笑）。スニーカーともバランスのとりやすいマキシ丈が特にオススメです。	8のスカートを主役に、ロング丈のナイロンコートを合わせて今っぽくスポーティに。妊婦なりにトレンド感を取り入れてみました！	ウエストをサイドで重ねて留めるデザインのチノパンは、妊娠中ずーっと使えました。上にスウェットを合わせるスタイルが定番です。

6:set-up one-piece_CASA FLINE boots_Acne Studios 7:one-piece_Ujoh tank top_PETIT BATEAU pleated skirt_UNITED ARROWS cap_CLYDE sandals_BEAUTY&YOUTH
8:knit_Acne Studios pleated skirt_UNITED ARROWS sneakers_CONVERSE
9:jacket_THE NORTH FACE®×HYKE hoodie_sacai pleated skirt_UNITED ARROWS sneakers_ BALENCIAGA
10:sweatshirt_MM6 Maison Margiela inner tops_UNIQLO pants_MAISON EUREKA sneakers_CONVERSE

All I need is these!
妊婦生活、これさえあれば！

2回の妊婦生活を経て知ったのは、"本当に必要なものはそんなにない"ということ。
あれもこれもと買い足さず、あるものを活用する方がベターです。
そんな中でも、自信を持って「役に立った！」と言えるのがこの8つ。
妊娠中の快適度をUPしてくれた相棒たち。すべての妊婦さんにオススメします。

カップつきキャミソール

つわり中も、徐々に大きくなっていく胸も苦しくなく、産後の授乳も簡単。キャミソールでお腹と赤ちゃんを覆うように着ていました。

キャミソール／ともにロンハーマン

ウエストゴムのスカート

お腹もラクちんだし、どんなトップスにも合わせやすいし、ぺたんこ靴やスニーカーにもばっちり似合う。妊娠後期はついこればかり。

ロートレ・アモンのスカート／本人私物

骨盤ベルト

産前も産後も使えるワコールのものをチョイス。妊娠中の腰の痛みが強くて、これがないと家事ができないほど…。助けられました。

産前＆産後 骨盤ベルト／ワコール

マッサージローラー

ネットサーフィン中に見つけた掘り出しものでとにかく使いやすい。寝る前にコロコロするとふくらはぎのこむら返りやむくみに効果的。

マッサージローラー／本人私物

PRENATAL NECESSITIES

鉄玉子

貧血対策の必需品。これを炊飯器やお鍋にポンと入れるだけで妊婦に必須な鉄分を食事で簡単に補えるという、素晴らしき時短グッズ。

南部鉄器 鉄玉子／南部アイアン・クラフト

抱き枕

これ、抱きやすいです。産後は授乳クッションとして使えます。ボタンで留めるタイプで、授乳中にずれてイライラすることもなく優秀。

授乳クッションになる抱き枕／本人私物

『マイ マタニティ ダイアリー』

長男がお腹にいる時の不安な気持ちを和らげてくれたのがこの本です。初めて妊娠した人へのプレゼントとしても喜ばれると思います。

マイ マタニティ ダイアリー／海竜社刊

クラランスのオイルとクリーム

夫が妊娠線へ異常な警戒心を示し(笑)、自分で調べて買ってくれました。日中もこまめに塗っていたので妊娠線はできなかったです。

(左から)ボディ オイル "トニック"、ストレッチマーク ボディ クリーム／ともにクラランス

Really happy baby gifts
出産祝い、私はこれを贈りたい♡

ここに挙げたのは、私が実際にいただいて本当に嬉しかったものばかり。
ちょっと現実的ではあるのですが、私も出産祝いには確実に役立つものを
プレゼントしたいです。産後ママのバタバタとした生活の手助けができるような。
この10アイテムなら、確実に喜ばれると思います。

子どもの名前入りタオル

保育園の持ち物にはすべて名前を書くのがルール。洗濯をしても消えない名前刺繍入りタオルのプレゼントはありがたかったですね。

いつものタオル ストロベリー
バスタオル、タオルハンカチ
(今治タオルブランド認定番号:第2010-299号)
／ともに今治タオル

大人用のバスローブ

これは私があげたいと思ったもの。お風呂上がりにバタバタなのは子どもより母親。自分用のバスローブがあると絶対に便利なはず!

バスローブ／テネリータ

離乳食に使える野菜フレーク

最初はお湯で伸ばしてペースト状に。お粥に混ぜてもいいし、牛乳で溶かせばポタージュにもなる。リピ買いするほど愛用しました!

野菜フレーク／すべて大望

電動鼻吸い器

うちの息子は風邪をひくと、鼻水ズルズル状態からすぐ中耳炎になってしまう。優しく鼻水を吸い出してくれるこれが欠かせません。

メルシーポットS-503／シースター

カフェインレスのお茶

子育て中にホッと一息つける美味しいお茶で、しかも便利なティーバッグ。産後ママへの思いやりあるいただきものには心底癒されます。

(左から)オーガニック フェアトレードティー
アッサムブレンド カフェインレス、
クリッパー オーガニック ルイボスティー
／ともにCHOOSEE

ガーゼスリーパー

乳児用のアイテムなのですが、すごく長い期間使える！ 子どもはすぐに布団を蹴飛ばすから。もちろん長男も今でも使っています。

ミルクガーゼパイル〈ドット〉スリーパー
／今井タオル

©Disney

大量のオムツ

ガチ嬉しいシリーズ(笑)。オムツはどれだけあっても困らない。でも時に布オムツ派の人もいるので事前の確認は必要だと思います。

ムーニーマン エアフィット®S／ユニ・チャーム

いっぱいのおしりふき

ガチ嬉しいシリーズその2。おしりをふくだけじゃなく、転んで汚れた時、食べ物をこぼした時にも使える。子育てママの三種の神器。

水99.9％ おしりふき厚手 60枚×2／アイプラス

ご飯づくりがラクになるもの

次男の出産の際にいろいろな味をいただきました。これは本当にありがたかった！ 特に2人目を出産したママに喜ばれると思います。

左：国産素材の千切り大根煮／内野家
右：茅乃舎 炊き込み御飯の素 ひじき／久原本家

ハンドクリーム

必需！ 家事でカサカサになった手のまま、赤ちゃんを触りたくないもの。赤ちゃんのことを考えると、香りの優しいものがベター。

THREE ハンド＆アーム クリーム AC R

#まい絵日記 vol.6
Birth
@mai_enikki

長男の出産時は、このままスーパーサイヤ人に
なってしまうのでは…と思うほどエネルギーを放出しましたが、
次男の出産時は超余裕。生まれる直前に夫婦で記念撮影、
それを友達にLINEするほどの余裕っぷり！
文明の進化ってすごい。
「痛みを伴ってこそ」なんて言っちゃう男性は、
麻酔なしでお尻を裂いてみて欲しい(笑)。

My Dear Family

2018年末に次男が生まれて、我が家は4人家族になりました。
そして私は、男だらけの家族のお母さんになった。
今はとにかく大変で、幸せを噛みしめる余裕なんてないけど、
孤独な気持ちになることも、きっともうしばらくはないんだろうな。
心地よい4人組になるために工夫を重ねる毎日を
楽しみたいと思っています。
やるべきことがある人生に感謝です。

MAI LIFE _ my dear family

"家族"というチームが
強く優しく成長しますように

4人家族になるための最初の試練は、次男出産の入院時に勃発しました。超がつくほどのママっ子である長男が、私と離れることに納得できず大荒れ…。予想していたとはいえ、それを遥かに超えて毎日泣き叫び暴れ続けた長男。その時のことを思い出すと、今でも泣けます…。

私の入院中、長男と夫は2人だけで過ごしていました。ごはんも保育園の送り迎えもお風呂も歯磨きも寝かしつけも、すべて夫が1人でやってくれました。どちらかの母を呼ぶ選択肢もあったのですが、「1人でやってみる」という夫のチャレンジを無駄にしたくなかったんですよね。何より、私がいない生活を2人でどう乗り切るのか見たくて(笑)。

実際はやっぱりうまくいきませんでした。「ママに会いたい！」と暴れ続ける長男に夫は早めに降参。家事も育児も1人でやったことがなかった彼は、思い通りにいかない暮らしにイライラ。その苛立ちを長男にぶつけられるわけもなく、矛先は出産直前の私へ。大ゲンカに発展し、私は大泣き。夫の気持ちは痛いほどわかるので言い返すのは我慢しましたが、つらかった…。なんでこれから出産なのに泣かされないといけないんだ！ なんだこの試練は！って(笑)。

でも成果もあったんです。入院後半、長男は泣かずに病室からバイバイできるようになりました。夫も結局最後まで頑張ってくれたし、次男誕生後も"かまってちゃん"に変身しなかった。それどころか、なんと今でも活躍してくれています。やればできるのね!! 誰かに手伝いに来てもらわなくてよかったな。家族の一大事を家族だけで乗り越えたことは私たちの糧になったし、絆も深まったから。

そして今は見事に赤ちゃん返りした長男の対応に追われ、時にくじけそうになっていますが、それを癒してくれるのが次男。次男はただただ愛おしく、余裕を持って接することができています。長男と歩んだ3年で試行錯誤しながらも母親

として成長し、ゆったりとした気持ちで子育てできる自分に喜びを感じます。長男(と夫)に対してはいつでも悩みは尽きないけれど、その分、次男が母としての自信をくれる。そんなバランスで過ごす家族の時間が楽しくて、4人家族になれてよかったなあってしみじみ思うんです。

やっぱり家庭の軸になるのはお母さん。母親が笑ってさえいればOK、母親の機嫌が家族全員に影響を与えると思っています。この考えは子どもの頃の実体験からくるもの。いつでも母の味方だった私は、中学生の頃、母になるべく笑っていて欲しいという理由から早期離婚を勧めたことがあるんです。結果、両親は離婚しましたが、母が元気を取り戻したことの方が私にとっては重要だった。だから私も、家族の前ではなるべく笑顔でいたいんです。

実は最近まで、自宅でできるウェブデザインのアルバイトをしていました。本業一本でやっていく自信をなかなか持てなかったし、我が家は夫婦ともに自営業。夫に何かあったら私が家族を支えなきゃ、という思いがあって。締め切り前はとにかく多忙で、睡眠不足による疲労と焦りでついピリピリ。子どもに対しても優しくできず、そのうちに長男に影響が出ました。仲のよかったお友達に強く当たるようになってしまい、家でも暴れてもう手がつけられない。そこで、ふと我に返りました。これでは意味がないな、と。大事なものを失ってしまう感覚があってアルバイトは辞めました。スーッと落ち着いた長男を見て、反省。今すべきことはバイトじゃなかった。"頑張ること"が必ずしもプラスに働くとは限らないんだなと学びました。ちょっと図々しいけれど、私自身が笑顔でいられることを大前提に生活を組み立ててもいいのかなとも感じています。

家族4人が都会に暮らすのは容易じゃないけれど、子どもにはなるべく多くの選択肢を与えてあげたいというのが私たち夫婦の今のところの考え。子どもの進路に悩んだり、"TO DO"がてんこ盛りだけど、お母さん頑張るぞー!という気持ちです。家族4人の暮らしは始まったばかり。長男と夫にわずかに見られた成長の芽も大事に育てていかなきゃ(笑)。

思いやりのある4人でいられますように。お互いを助け合える4人になれますように。息子たちが2人だけで遊べる日が早く来ますように。そして一刻も早く、男たちだけでどこかへ遊びに行ってくれる日が訪れますように(笑)。

MAI LIFE _ my dear family

[Mai]hoodie_FORME denim pants_MY gold ring_Bijou de M wedding ring_BOUCHERON
[Husband]shirt_GOSHA RUBCHINSKIY × BURBERRY pants_UNUSED silver ring, gold ring_CHROME HEARTS
[Eldest son]hoodie_Merge LA denim pants_GRAMICCI
[Second son]rompers_UNIQLO

#まい絵日記 vol.7

(Family)
@mai_enikki

私、この2人に「ママー！」って1日何十回呼ばれているんだろう。
ママが1人じゃとても足りません（笑）。
でも、ヘアメイクができてなくても、部屋がぐっちゃぐちゃでも、
この人たちが笑っているならOKだ。
ハードルを下げて自分の機嫌をとりながら、今日も母業頑張ります！

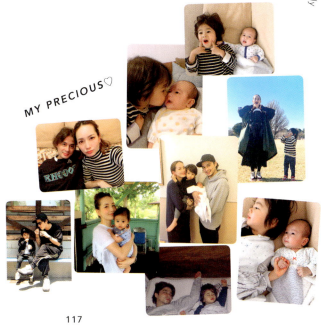

MAI LIFE _ my dear family

MY PRECIOUS♡

Epilogue

MAI LIFE _ epilogue

いかがでしたでしょうか。
これが、今の私がお見せできるすべてのものです。

包み隠さず、カッコつけずに
ありのままを見せる。
それだけは本のお話を
いただいた時から決めていました。

MAI LIFE _ epilogue

私のライフスタイルを知ってもらうことで
毎日を頑張る女性たちが
自分だけじゃないんだと安心できたり、
元気になったり、勇気を持てたり。

MAI LIFE _ epilogue

MAI LIFE _ epilogue

何かポジティブなきっかけになれたら嬉しい。
誰かの力になりうる情報を
これからも発信していけたらと思っています。

そんな想いを詰め込んだこの本は一生の宝物。
みなさんと共有できたことを幸せに思います。

MAI LIFE _ epilogue

sweatshirt_YEEZY SEASON 5　gold ring_Bijou de M　wedding ring_BOUCHERON

MAI LIFE _ epilogue

手にとっていただき本当にありがとうございます。
そして、私を支えてくれるすべての人に、ありがとう♡

Shop List

アイプラス株式会社	03-3527-2149
アディクション ビューティ	0120-586-683
RMK Division	0120-988-271
井田ラボラトリーズ	0120-44-1184
今井タオル	0898-41-9081
今治タオル　本店	0898-34-3486
イミュ	0120-371367
uka Tokyo head office	03-5778-9074
エトヴォス	0120-0477-80
エルビュー	03-6433-5490
内野家	0798-35-7824
海竜社	03-3542-9671
花王	0120-165-692
久原本家　茅乃舎	0120-84-4000
クラランス	03-3470-8545
コーセーコスメニエンス	0120-763-328
コストコホールセールジャパン株式会社	www.costco.co.jp
コンフォートジャパン	0120-39-5410
サンスター	0120-008241
資生堂インターナショナル	0120-81-4710
シースター	03-4511-8855
シュウ ウエムラ	03-6911-8560
THREE	0120-898-003
セザンヌ化粧品	0120-55-8515
大望	0120-200-963
大洋製薬	0120-184328
ダルトン	03-6722-0940
CHOOSEE	03-5465-2121
テネリータ	03-6418-2457
トム フォード ビューティ	0570-003-770
トリコ インダストリーズ	06-6567-2870
南部アイアン・クラフト	03-6280-4133
BYON JAPAN株式会社	03-6450-3259
ミルボン お客様窓口	0120-658-894
ユニ・チャーム ベビー用品 フリーダイヤル	0120-192-862
ラッキートレンディグループ（ラッキーウィンク）お客様相談室	
	06-6947-1301
ルベル／タカラベルモント株式会社	0120-00-2831
ロンハーマン	03-3402-6839
ワコールお客様センター	0120-307-056

MAI TSUJIMOTO

モデル、女優。1987年2月6日生まれ。京都府出身、O型。
レギュラーモデルを務める『VERY』を始め、多くの美容雑誌やファッション誌で活躍。
CMやテレビ、映画にも出演。プライベートでは2男のママで、ハッピーな日常を惜しみなく
披露しているInstagramはフォロワーが急増中。その自然体な生き方に注目が集まる。
特技はイラストで絵日記専用のアカウント（@mai_enikki）も人気。

Instagram @mai_tsujimoto

STAFF

Photograph
三瓶康友（model）
吉岡真理（still）

Styling
辻元 舞 & 夫（前田順弘）

Hair & Make-up／Illustration
辻元 舞

Text
真島絵麻里（P26-27,29-41,45-47,56-57,60-65,68-71,84-85）

Composition
高橋 麗

Design
鈴木さとみ［wyeth wyeth］

Editing Team
海保有香、海瀬僚子、田所友美［SDP］

Promotion Staff
藤井愛子［SDP］

Sales Team
川﨑 篤、武知秀典［SDP］

Artist Management
佐藤ちひろ［STARDUST PROMOTION］

Chief Artist Management
山下 優［STARDUST PROMOTION］

Executive Producer
藤下良司［STARDUST PROMOTION］

Mai Life
Happiness lies within you

-ハッピーの秘訣は「頑張りすぎない」こと！-

発行　2019年4月7日　初版 第1刷発行

発行人　岩倉達哉
発行所　株式会社 SDP
〒150-0021　東京都渋谷区恵比寿2-3-3
TEL　03（3464）5882（第一編集部）
TEL　03（5459）8610（営業部）
ホームページ http://www.stardustpictures.co.jp
印刷製本　凸版印刷株式会社

本書の無断転載を禁じます。落丁、乱丁本はお取り替えいたします。
定価はカバーに明記してあります。
ISBN978-4-906953-69-1　©2019SDP　Printed in Japan